Berichte zur Lebensmittelsicherheit 2010

Nationale Berichterstattung an die EU

Nationaler Rückstandskontrollplan (NRKP) und Einfuhrüberwachungsplan (EÜP)

Inhaltsverzeichnis

1 Nationale Berichterstattung an die EU

1.1
Übersicht

Tab. 1.1-1 gibt einen Überblick über die Berichtspflichten, die als Teil der nationalen Berichterstattung an die EU seit 2005 Gegenstand der Berichte zur Lebensmittelsicherheit sind. Die Berichtspflichten sind nach dem Datum der aktuellen Rechtgrundlage geordnet. Alte Rechtsgrundlagen sowie der aktuelle Status (z. B. aufgehoben, übergegangen) sind ebenfalls erfasst.

Tab. 1.1-1 Übersicht über die in den Berichten zur Lebensmittelsicherheit aufgeführten Berichtspflichten seit 2005.

Rechtsgrundlage*	Schlagwort	Alte Rechtsgrundlage*	Bemerkungen*
RL 89/397/EWG	amtliche Lebensmittelüberwachung, Trendanalyse		übergegangen in MNKP-Bericht (VO (EG) Nr. 882/2004)
RL 1999/2/EG und Lebensmittel-bestrahlungsverordnung	Bestrahlung von Lebensmitteln		
VO (EG) Nr. 136/2004	Grenzkontrolluntersuchungen		
Entscheidung der KOM 2005/402/EG	Sudanrot in Chilis und Chilierzeug-nissen, Kurkuma, Palmöl		aufgehoben und teilweise übergegangen in VO (EG) Nr. 669/2009
Entscheidung der KOM 2006/27/EG	Stoffe mit hormonaler Wirkung und beta-Agonisten in Pferdefleisch aus Mexiko		
Entscheidung der KOM 2006/236/EG	Pharmakologisch wirksame Stoffe in Fischereierzeugnissen aus Indonesien		jetzt Beschluss der KOM 2010/220/EU
VO (EG) Nr. 1881/2006 VO (EG) Nr. 1152/2009	Aflatoxine in verschiedenen Lebens-mitteln aus Drittländern	Entscheidung der KOM 2006/504/EG	
VO (EG) Nr. 1881/2006	Ochratoxin A in verschiedenen Lebensmitteln	VO (EG) Nr. 466/2001	
VO (EG) Nr. 1881/2006	Fusarientoxine vor allem in Getreide und Getreideerzeugnissen		
VO (EG) Nr. 1881/2006	Nitrat in Gemüse	VO (EG) Nr. 466/2001	
Empfehlung der KOM 2007/196/EG	Monitoring Furan in hitzebehandelten Lebensmitteln		
Entscheidung der KOM 2007/642/EG	Histamin in Fischereierzeugnissen aus Albanien		
VO (EG) Nr. 601/2008	Schwermetalle und Sulfite in Fischerei-erzeugnissen aus Gabun		
Entscheidung der KOM 2008/433/EG	Mineralöl in Sonnenblumenöl aus der Ukraine		aufgehoben durch VO (EG) Nr. 1151/2009
VO (EG) Nr. 669/2009	Pflanzliche Importkontrollen		

(Fortsetzung Tab. 1.1-1)

Rechtsgrundlage*	Schlagwort	Alte Rechtsgrundlage*	Bemerkungen*
VO (EG) Nr. 1048/2009 VO (EG) Nr. 1635/2006	Tschernobyl	VO (EG) Nr. 733/2008 VO (EWG) Nr. 737/90	
VO (EG) Nr. 1135/2009	Melamin in Lebensmitteln aus China	Entscheidung der KOM 2008/798/EG Entscheidung der KOM 2008/757/EG	
VO (EU) Nr. 258/2010	Pentachlorphenol und Dioxine in Guarkernmehl aus Indien	Entscheidung der KOM 2008/352/EG	
Entscheidung der KOM 2009/835/EG	Amitraz in Birnen aus der Türkei		beendet seit 24. 01. 2010, jetzt VO (EG) Nr. 669/2009
Empfehlung der KOM 2010/133/EU	Ethylcarbamat in Steinobstbränden		
Beschluss der KOM 2010/220/EU	Pharmakologisch wirksame Stoffe in Zuchtfischereierzeugnissen aus Indonesien		
Beschluss der KOM 2010/381/EU	Pharmakologisch wirksame Stoffe in Aquakulturerzeugnissen aus Indien		hervorgegangen aus Entscheidung der KOM 2009/727/EG
Beschluss der KOM 2010/387/EU	Pharmakologisch wirksame Stoffe in Krustentieren aus Bangladesch	Entscheidung der KOM 2008/630/EG	

* VO: Verordnung, RL: Richtlinie, KOM: Europäische Kommission, EWG: Europäische Wirtschaftsgemeinschaft, EG: Europäische Gemeinschaft, EU: Europäische Union, MNKP: Mehrjähriger nationaler Kontrollplan

1.2
Bericht über die Veterinärkontrollen von aus Drittländern eingeführten Erzeugnissen an den Grenzkontrollstellen der Gemeinschaft

1.2.1 Anlass der Kontrolle und Rechtsgrundlage

Veterinärkontrollen von Erzeugnissen aus Drittländern sind ein wichtiger Bestandteil allgemeiner Vorkehrungen zum Gesundheitsschutz von Mensch und Tier. Grundregeln für Veterinärkontrollen werden in der Richtlinie 97/78/EG[1] festgelegt. Sie gelten insbesondere für Erzeugnisse tierischen Ursprungs und für pflanzliche Erzeugnisse, die Krankheiten auf Tiere übertragen können (z. B. Heu oder Stroh). Die Kontrollen werden an den Grenzkontrollstellen der Mitgliedstaaten unter Verantwortung eines amtlichen Tierarztes durchgeführt und umfassen Dokumentenprüfung, Nämlichkeitskontrolle und Warenuntersuchung.

Verfahrensvorschriften für die Kontrollen sind in der Verordnung (EG) Nr. 136/2004[2] enthalten. Dieser Verordnung zufolge sind alle Informationen über ein Erzeugnis aus einem Drittland in einem einheitlichen Dokument zusammenzufassen, dem Gemeinsamen Veterinärdokument für die Einfuhr (GVDE). Eine Dokumentenprüfung ist bei allen Sendungen durchzuführen, wohingegen Laboruntersuchungen nach einem nationalen Überwachungsplan erfolgen. Die positiven und negativen Ergebnisse der Laboruntersuchungen teilen die Mitgliedstaaten der Kommission monatlich mit.

1.2.2 Ergebnisse

Im Jahr 2010 wurden bei Veterinärkontrollen an den Grenzkontrollstellen insgesamt 2.243 Proben von aus Drittländern eingeführten Erzeugnissen verschiedenen Analysen unterzogen. Wie in Abb. 1.2-1 dargestellt, wurden insgesamt 36 Proben (1,6 %) beanstandet. Mikrobielle Verunreinigungen waren mit 19 Proben (53 %) der häufigste Beanstandungsgrund. Eine nicht korrekte Deklaration der Tierart sowie Arzneimittelrückstände waren mit je 5 Proben (14 %) am zweithäufigsten. Insgesamt ist die Beanstandungsrate jedoch auf einem niedrigen Niveau.

---

[1] Richtlinie 97/78/EG des Rates vom 18. Dezember 1997 zur Festlegung von Grundregeln für die Veterinärkontrollen von aus Drittländern in die Gemeinschaft eingeführten Erzeugnissen.

[2] Verordnung (EG) Nr. 136/2004 der Kommission vom 22. Januar 2004 mit Verfahren für die Veterinärkontrollen von aus Drittländern eingeführten Erzeugnissen an den Grenzkontrollstellen der Gemeinschaft.

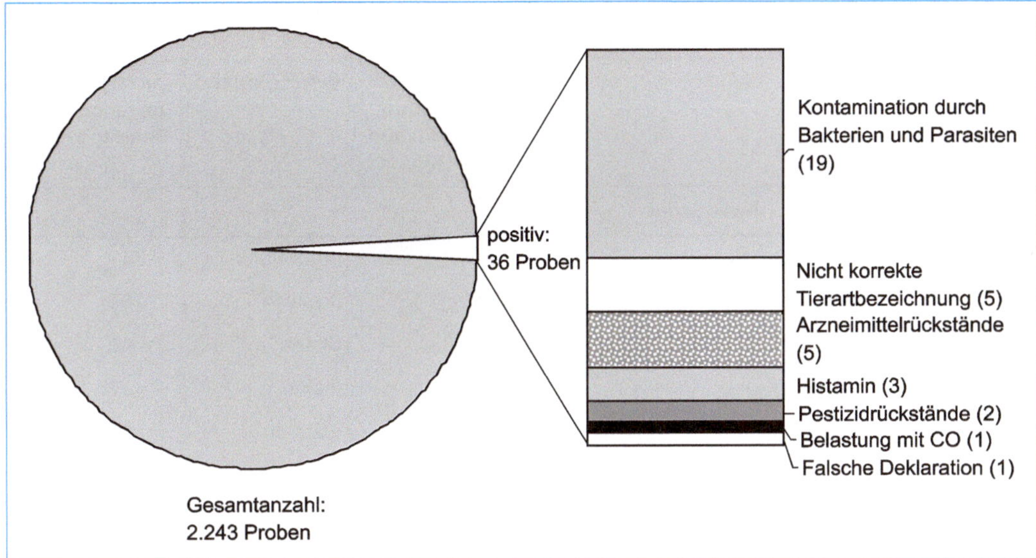

Abb. 1.2-1 Ergebnisse der Veterinärkontrollen an den Grenzkontrollstellen im Jahr 2010 sowie Art der Beanstandung (Anzahl jeweils beanstandeter Proben in Klammern).

1.3
Bericht über die verstärkten amtlichen Kontrollen bei der Einfuhr bestimmter Futtermittel und Lebensmittel nicht tierischen Ursprungs

1.3.1 Anlass der Kontrolle und Rechtsgrundlage

Beim Import von Futtermitteln und Lebensmitteln nicht tierischen Ursprungs in die Europäische Union (EU) sind gemäß der Verordnung (EG) Nr. 882/2004[3] durch die Mitgliedstaaten regelmäßige Kontrollen durchzuführen. Dazu ist die Erstellung einer Liste von Futtermitteln und Lebensmitteln vorgesehen, die aufgrund bekannter oder neu auftretender Risiken einer verstärkten Kontrolle unterliegen sollen. Eine solche Übersicht und Bestimmungen für verstärkte amtliche Kontrollen sind Gegenstand der Verordnung (EG) Nr. 669/2009[4]. Anhang I der Verordnung mit der Übersicht zu kontrollierender Produkte wird vierteljährlich aktualisiert, um auf neu auftretende Risiken zu reagieren.

Damit die Vorgehensweise bei den amtlichen Kontrollen in den Mitgliedstaaten einheitlich ist, wird in der Verordnung (EG) Nr. 669/2009 ein „gemeinsames Dokument für die Einfuhr" (GDE) von Futtermitteln und Lebensmitteln nicht tierischen Ursprungs vorgegeben. Im Rahmen der Kontrolle erfolgt bei allen Sendungen eine Dokumentenprüfung, wohingegen die Häufigkeit von Warenuntersuchungen und Nämlichkeitskontrollen in Anhang I festgelegt wird. Die Mitgliedstaaten erstatten der Kommission vierteljährlich Bericht über die Kontrollen.

Aufgehoben wurde im Zusammenhang mit dem Erlass der Verordnung (EG) Nr. 669/2009 die Entscheidung 2005/402/EG[5], die vorsieht, dass jeder Einfuhrsendung von Chilis, Chilierzeugnissen, Kurkuma und Palmöl ein Analysebericht beiliegt, dem zufolge Sudan I–IV nicht im Erzeugnis enthalten ist. Da sich die Situation in Bezug auf das Vorhandensein von Sudan-Farbstoffen erheblich verbessert hat, wurde die Verpflichtung zu einem beigelegten Analysebericht aufgehoben. Es müssen aber gemäß der oben genannten Verordnung weiterhin am Eingangsort der Gemeinschaft verstärkte Kontrollen für Waren und Erzeugnisse aus Drittländern durchgeführt werden.

1.3.2 Ergebnisse

Im Berichtsjahr 2010 war ein mögliches Vorhandensein von Mykotoxinen, Pestizidrückständen, Sudan-Farbstoffen und anderen Kontaminanten wie Cadmium und Blei Anlass für verstärkte Kontrollen von Futtermitteln und Lebensmitteln nicht tierischen Ursprungs. Die Ergebnisse sind in Tab. 1.3-1 dargestellt. In Abb. 1.3-1 werden die Ergebnisse für einige Produktgruppen mit den Ergebnissen der EU (und Norwegen)[6] verglichen.

Bezüglich einer möglichen Gefahr durch **Aflatoxine** waren Erdnüsse und daraus hergestellte Erzeugnisse aus fünf verschiedenen Ursprungsländern (Argentinien, Brasilien, Ghana, Indien, Vietnam) verstärkt zu kontrollieren. Anhand der Auswertung lässt sich feststellen, dass die meisten Sendungen aus Argentinien kamen. Aus Ghana wurden keine Sendungen eingeführt. Bei insgesamt 475 Proben wurden 90 Laboranalysen

---

[3] Verordnung (EG) Nr. 882/2004 des Europäischen Parlaments und des Rates vom 29. April 2004 über amtliche Kontrollen zur Überprüfung der Einhaltung des Lebensmittel- und Futtermittelrechts sowie der Bestimmungen über Tiergesundheit und Tierschutz.

[4] Verordnung (EG) Nr. 669/2009 der Kommission vom 24. Juli 2009 zur Durchführung der Verordnung (EG) Nr. 882/2004 des Europäischen Parlaments und des Rates im Hinblick auf verstärkte amtliche Kontrollen bei der Einfuhr bestimmter Futtermittel und Lebensmittel nicht tierischen Ursprungs und zur Änderung der Entscheidung 2006/504/EG.

[5] Entscheidung der Kommission vom 23. Mai 2005 über Dringlichkeitsmaßnahmen hinsichtlich Chilis, Chilierzeugnissen, Kurkuma und Palmöl (2005/402/EG).

[6] EC (European Commission), 2011, Results of border checks carried out by EU Member States and Norway on the imported products listed in Annex I to Regulation (EC) No 669/2009, Consolidated data for 2010, http://ec.europa.eu/food/food/controls/increased_checks/docs/results_ms_border_controls_2010_en.pdf (abgerufen am 31. Oktober 2011).

Tab. 1.3-1 Ergebnisse der verstärkten amtlichen Kontrollen bei der Einfuhr bestimmter Futtermittel und Lebensmittel nicht tierischen Ursprungs in Deutschland für das Berichtsjahr 2010.

Produkte	Gefahr	Häufigkeit von Warenuntersuchungen [%][a]	Ursprungsland	Anzahl eingegangener Sendungen	Anzahl Laboruntersuchungen	Beanstandungen	
						Anzahl	%
	Mykotoxine						
Erdnüsse und Verarbeitungsprodukte	Aflatoxine	10	Argentinien	317	35	3	8,6
		50	Brasilien	108	49	9	18,4
		50	Ghana	0	0	0	0
		10	Indien	32	4	3	75,0
		10	Vietnam	18	2	0	0
			Summe	*475*	*90*	*15*	*16,7*
Gewürze	Aflatoxine	50	Indien	271	91	7	7,7
Basmatireis	Aflatoxine	50 (auf 20[b])	Pakistan	119	39	1	2,6
		10	Indien[c]	113	13	0	0
			Summe	*232*	*52*	*1*	*1,9*
Wassermelonenkerne	Aflatoxine	50	Nigeria	0	0	0	0
Getrocknete Weintrauben	Ochratoxin A	50	Usbekistan	0	0	0	0
Chili[d]	Aflatoxine + Ochratoxin A	10	Peru	0	0	0	0
	Pestizide						
Obst und Gemüse (einschließlich Mango)	Pestizidrückstände	50	Dominikanische Republik	1.241	164	10	6,1
Bananen[c]	Pestizidrückstände	10	Dominikanische Republik	260	25	0	0
Gemüse	Methomyl + Oxamyl	10	Türkei	15	2	0	0
Birnen	Amitraz	10	Türkei	0	0	0	0
Gemüse	Organochlor-Pestizide	50	Thailand	1.260	258	41	15,9
Kräuter[d]	Pestizidrückstände	20	Thailand	810	97	34	35,1
Obst und Gemüse[d]	Pestizidrückstände	10	Ägypten	838	97	5	5,2
Curryblätter[d]	Pestizidrückstände	10	Indien	0	0	0	0
			Summe	*4.424*	*643*	*90*	*14,0*
Chili, Chilierzeugnisse, Kurkuma und Palmöl	Sudan-Farbstoffe	20	Alle Drittländer	819	148	3	2,0
Spurenelemente	Cadmium und Blei	50	China	61	25	0	0
Getrocknete Nudeln[d]	Aluminium	10	China	54	5	0	0
Kräuter (u. a. Basilikum, Minze, Koriander)[d]	Salmonellen	10	Thailand	810	12	0	0

[a] nach Verordnung (EG) Nr. 669/2004
[b] Die veränderte Beanstandungsrate galt ab dem 4. Quartal.
[c] Die Daten für diese Produktgruppen beziehen sich nur auf die ersten drei Quartale, da sie im 4. Quartal nicht mehr für verstärkte Kontrollen gelistet waren.
[d] Die Daten für diese Produktgruppen beziehen sich nur auf das 4. Quartal, da sie vorher nicht gelistet waren.

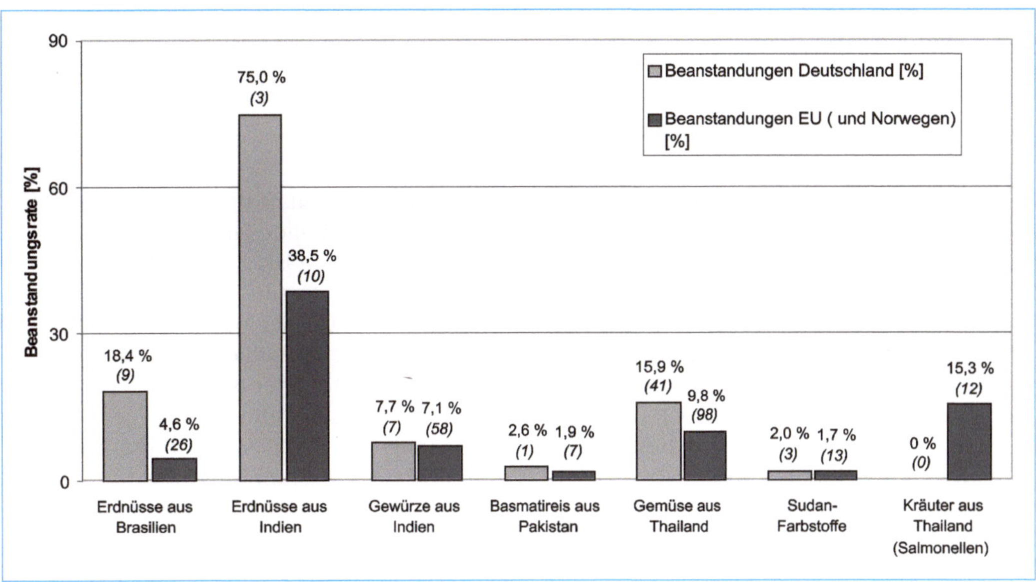

Abb. 1.3-1 Vergleich der Beanstandungsraten analysierter Proben in Deutschland und der EU (und Norwegen) am Beispiel ausgewählter Produkte für 2010 (Anzahl beanstandeter Proben in Klammern).

durchgeführt. In 15 Fällen (16,7 %) war der Grenzwert für Aflatoxine überschritten. Die Beanstandungsrate der analysierten Proben war insbesondere bei Produkten aus Indien (75 % bei 4 untersuchten Proben) und Brasilien (18,4 % bei 49 untersuchten) hoch.

Der Vergleich zwischen den deutschen Daten mit den Ergebnissen der EU ergab, dass der mit Abstand größte Teil von Erdnüssen und ihren Verarbeitungsprodukten aus Argentinien importiert wurde. Eine hohe Beanstandungsrate wurde auch EU-weit mit 38,5 % für Produkte aus Indien festgestellt. Daher wurde die Häufigkeit der Warenuntersuchungen für das Jahr 2011 von 10 % auf 20 % erhöht. Für Produkte aus Brasilien war die Beanstandungsrate EU-weit mit 4,6 % im Gegensatz zur Beanstandungsrate in Deutschland gering, sodass die Häufigkeit der Warenuntersuchungen für 2011 von 50 % auf 10 % herabgesetzt wurde.

Auch Gewürze aus Indien wurden in Bezug auf eine mögliche Gefahr durch Aflatoxine in Deutschland in 271 Fällen einer verstärkten amtlichen Kontrolle unterzogen, wobei 91 Proben im Labor analysiert wurden. Davon wurden 7 Proben (7,7 %) beanstandet. EU-weit war die Beanstandungsrate mit 7,1 % der untersuchten Proben etwas geringer.

Darüber hinaus wurde Basmatireis aus Pakistan und Indien auf Aflatoxine untersucht. Von insgesamt 232 Sendungen wurden 52 im Labor auf Aflatoxine getestet und nur eine Probe aus Pakistan beanstandet (1,9 %). Da EU-weit keine Sendung aus Indien beanstandet wurde, wurde Basmatireis aus Indien im 4. Quartal nicht mehr verstärkt kontrolliert. Die Häufigkeit der durchzuführenden Warenuntersuchungen für Basmatireissendungen aus Pakistan konnte für das 4. Quartal von 50 % auf 20 % reduziert werden.

Verschiedene Obst- und Gemüsesorten aus vier Ursprungsländern (Dominikanische Republik, Thailand, Türkei und Ägypten) sowie Kräuter aus Thailand wurden im Hinblick auf mögliche **Pestizidrückstände** verstärkt kontrolliert. Insgesamt waren 4.424 Sendungen eingeführt und 643 im Labor analysiert worden. Beanstandet wurden 90 Proben (14,0 %).

Eine hohe Beanstandungsrate wurde insbesondere bei Gemüse aus Thailand (15,9 %) festgestellt. EU-weit war die Beanstandungsrate mit 9,8 % zwar etwas geringer, aber die hohe Anzahl von Laboranalysen mit 50 % wurde beibehalten. Ab dem 4. Quartal wurden auch Kräuter aus Thailand auf Pestizidrückstände untersucht. Die sehr hohen Beanstandungsraten in Deutschland (35,1 %) und EU-weit (24,7 %) zeigen, dass die Einführung verstärkter amtlicher Kontrollen für diese Produkte gerechtfertigt ist.

Kräuter aus Thailand wurden ab dem 4. Quartal auch auf Salmonellen untersucht. In Deutschland gab es keine Beanstandungen, aber die hohe Beanstandungsrate in der EU (15,3 %) zeigt die Notwendigkeit der verstärkten Kontrollen.

Chili, Chilierzeugnisse, Kurkuma und Palmöl aus allen Drittländern wurden auf **Sudan-Farbstoffe** verstärkt kontrolliert. Von 819 Proben wurden 148 Proben analysiert und davon 3 Proben (2,0 %) beanstandet. EU weit ist die Beanstandungsrate mit 1,7 % noch geringer. Damit bestätigt sich, dass eine Verbesserung der Situation in Bezug auf das Vorhandensein von Sudan-Farbstoffen erfolgte. Aus diesem Grund wurde die Häufigkeit der Laboruntersuchungen ab März 2011 von 20 % auf 10 % herabgesetzt.

In Bezug auf andere Kontaminanten wurden unter anderem Spurenelemente aus China auf **Cadmium und Blei** untersucht. Bei 61 Proben und 25 Laboruntersuchungen gab es keine Beanstandungen. Auch in den anderen Mitgliedstaaten wurden keine Proben beanstandet, sodass ab März 2011 keine verstärkten Kontrollen diesbezüglich mehr durchgeführt werden.

1.4

Bericht über die Überprüfung von Fischereierzeugnissen aus Albanien

1.4.1 Anlass der Kontrolle und Rechtsgrundlage

Gemäß der Verordnung (EG) Nr. 178/2002[7] müssen entsprechende Maßnahmen getroffen werden, wenn davon auszugehen ist, dass ein aus einem Drittland eingeführtes Lebensmittel wahrscheinlich ein ernstes Risiko für die Gesundheit von Mensch oder Tier oder für die Umwelt darstellt. Weiterhin müssen Lebensmittelunternehmer gemäß Verordnung (EG) Nr. 853/2004[8] sicherstellen, dass in Fischereierzeugnissen die Grenzwerte für Histamin nicht überschritten werden.

Im Rahmen eines Inspektionsbesuches der Europäischen Gemeinschaft in Albanien im Jahr 2007 wurde festgestellt, dass die albanischen Behörden nur begrenzt in der Lage waren, die erforderlichen Kontrollen durchzuführen, insbesondere, um Histamin in Fisch und Fischereierzeugnissen zu ermitteln.

Daraufhin wurde die Entscheidung 2007/642/EG[9] erlassen. Diese regelt, dass die Mitgliedstaaten die Einfuhr der genannten Erzeugnisse nur dann erlauben, wenn ihnen die Ergebnisse einer in Albanien bzw. von einem ausländischen akkreditierten Labor vor dem Versand vorgenommenen analytischen Untersuchung auf Histamin beiliegen und aus diesen hervorgeht, dass der Histamingehalt unterhalb der in der Verordnung (EG) Nr. 2073/2005[10] festgelegten Grenzwerte liegt. Diese Untersuchungen müssen gemäß dem in der Verordnung (EG) Nr. 2073/2005 genannten Probenahme- und Analyseverfahren durchgeführt werden.

1.4.2 Ergebnisse

Im Berichtszeitraum 2010 wurden, wie auch in den vorangegangenen Jahren, keine entsprechenden Untersuchungsergebnisse und Sendungen von Fischereierzeugnissen aus Albanien gemeldet.

1.5

Bericht über die Überprüfung bestimmter Fischereierzeugnisse aus Gabun

1.5.1 Anlass der Kontrolle und Rechtsgrundlage

Gemäß der Verordnung (EG) Nr. 178/2002[11] müssen entsprechende Maßnahmen getroffen werden, wenn davon auszugehen ist, dass ein aus einem Drittland eingeführtes Lebensmittel wahrscheinlich ein ernstes Risiko für die Gesundheit von Mensch oder Tier oder für die Umwelt darstellt und dass diesem Risiko durch Maßnahmen des betreffenden Mitgliedstaates oder der betreffenden Mitgliedstaaten nicht auf zufrieden stellende Weise begegnet werden kann.

Die Verordnung (EG) Nr. 601/2008 der Kommission vom 25. Juni 2008[12] trat aufgrund eines Inspektionsbesuches der Europäischen Gemeinschaft in Gabun im Jahr 2007 in Kraft, wobei hinsichtlich bestimmter Fischereierzeugnisse, die in die Europäische Gemeinschaft ausgeführt werden sollten, schwerwiegende Mängel festgestellt wurden. Dies galt insbesondere für zu treffende Korrekturmaßnahmen durch die Behörden in Gabun, wenn hohe Gehalte an Schwermetallen und Sulfiten auftraten.

1.5.2 Ergebnisse

Für das Jahr 2010 liegen, wie schon in den vorangegangenen Jahren, keine Analyseergebnisse aus amtlichen Kontrollen an Sendungen der Erzeugnisse nach Artikel 1 der o. g. Verordnung vor.

1.6

Bericht über Sofortmaßnahmen für aus Indien eingeführte Sendungen mit zum menschlichen Verzehr bestimmten Aquakulturerzeugnissen

1.6.1 Anlass der Kontrolle und Rechtsgrundlage

Der Beschluss 2010/381/EU[13] über Sofortmaßnahmen für aus Indien eingeführte Sendungen mit zum menschlichen Verzehr bestimmten Aquakulturerzeugnissen wurde durch die Kommission am 8. Juli 2010 erlassen und hob die bisher gültige Entscheidung 2009/727/EG[14] auf.

---

[7] Verordnung (EG) Nr. 178/2002 des Europäischen Parlaments und des Rates vom 28. Januar 2002 zur Festlegung der allgemeinen Grundsätze und Anforderungen des Lebensmittelrechts, zur Errichtung der Europäischen Behörde für Lebensmittelsicherheit und zur Festlegung von Verfahren zur Lebensmittelsicherheit.

[8] Verordnung (EG) Nr. 853/2004 des Europäischen Parlaments und des Rates vom 29. April 2004 mit spezifischen Hygienevorschriften für Lebensmittel tierischen Ursprungs.

[9] Entscheidung der Kommission vom 4. Oktober 2007 über Sofortmaßnahmen für die Einfuhr von zum Verzehr bestimmten Fischereierzeugnissen aus Albanien (2007/642/EG).

[10] Verordnung (EG) Nr. 2073/2005 der Kommission vom 15. November 2005 über mikrobiologische Kriterien für Lebensmittel.

[11] Verordnung (EG) Nr. 178/2002 des Europäischen Parlaments und des Rates vom 28. Januar 2002 zur Festlegung der allgemeinen Grundsätze und Anforderungen des Lebensmittelrechts, zur Errichtung der Europäischen Behörde für Lebensmittelsicherheit und zur Festlegung von Verfahren zur Lebensmittelsicherheit.

[12] Verordnung (EG) Nr. 601/2008 der Kommission vom 25. Juni 2008 über Schutzmaßnahmen, die für bestimmte, aus Gabun eingeführte und für den menschlichen Verzehr bestimmte Fischereierzeugnisse gelten.

[13] Beschluss der Kommission vom 8. Juli 2010 über Sofortmaßnahmen für aus Indien eingeführte Sendungen mit zum menschlichen Verzehr bestimmten Aquakulturerzeugnissen (2010/381/EU).

[14] Entscheidung der Kommission vom 30. September 2009 über Sofortmaßnahmen für aus Indien eingeführte, zum menschlichen Verzehr oder zur Verwendung als Futtermittel bestimmte Krustentiere (2009/727/EG).

Dieser Beschluss sowie die vorangegangene Entscheidung resultierten aus einem Inspektionsbesuch der Europäischen Gemeinschaft in Indien im Jahr 2009. Es waren Mängel im Rückstandskontrollsystem für lebende Tiere und tierische Erzeugnisse festgestellt worden. Die Berichte der Mitgliedstaaten an die Kommission, trotz der von Indien vorgelegten Garantien, über einen vermehrten Nachweis von Nitrofuranen und ihren Metaboliten in aus Indien eingeführten Krustentieren, trugen ebenso zum Erlass des oben genannten Beschlusses bei.

Gemäß des Beschlusses 2010/381/EU und der Entscheidung 2009/727/EG müssen Sendungen von aus Indien eingeführten Krustentieren aus Aquakulturhaltung, die für den menschlichen Verzehr bestimmt sind, bereits vor der Einfuhr in die Union auf Nitrofurane oder ihre Metaboliten und andere pharmakologisch wirksame Stoffe (u. a. Chloramphenicol und Tetracycline) untersucht werden.

Der einführende Mitgliedstaat trägt Sorge dafür, dass jede Sendung solcher Erzeugnisse bei ihrer Ankunft an der Grenze der Gemeinschaft allen erforderlichen Kontrollen unterzogen wird, um zu gewährleisten, dass sie keine Gefahr für die menschliche Gesundheit darstellen. Die Sendungen werden an der Grenze der Gemeinschaft einbehalten bis Laborergebnisse bestätigen, dass die Konzentration der unerwünschten Stoffe die festgelegte Mindestleistungsgrenze der Gemeinschaft sowie die festgelegten Referenzwerte für Maßnahmen der Entscheidung 2002/657/EG[15] und Verordnung (EG) Nr. 470/2009[16] nicht überschreiten.

1.6.2 Ergebnisse

Im Jahr 2010 wurden 20 Proben (im ersten Quartal 5 Proben, 2. Quartal 3 Proben, 3. Quartal keine Probe, 4. Quartal 12 Proben) von Aquakulturerzeugnissen aus Indien gemäß den Vorgaben untersucht. Bei keiner Probe wurde eine Überschreitung der erlaubten Mindestleistungsgrenzen und Referenzwerte festgestellt.

Bericht über die Überprüfung bestimmter Fischereierzeugnisse aus Indonesien

1.7.1 Anlass der Kontrolle und Rechtsgrundlage

Der Beschluss 2010/220/EU[17] der Kommission vom 16. April 2010 über Sofortmaßnahmen für aus Indonesien eingeführte Sendungen mit zum menschlichen Verzehr bestimmten Zuchtfischereierzeugnissen trat nach Ablösung der Entscheidung 2006/236/EG[18] Mitte 2010 in Kraft.

Grund für den Erlass des aktuellen Beschlusses 2010/220/EU war der jüngste Kontrollbesuch im Jahr 2009 der Europäischen Gemeinschaft in Indonesien. Es waren schwerwiegende Hygienemängel beim Hantieren mit Fischereierzeugnissen festgestellt worden. Diese Mängel können einen schnelleren Verderb und die Entwicklung hoher Histamingehalte zur Folge haben. Der Kontrollbesuch hatte auch gezeigt, dass die indonesischen Behörden kaum in der Lage sind, bei Fisch zuverlässige Kontrollen durchzuführen und insbesondere Histamin und Schwermetalle in den betreffenden Arten nachzuweisen.

Der Beschluss sieht außerdem Kontrollmaßnahmen hinsichtlich Nitrofuran und dessen Metaboliten und Rückstände pharmakologisch wirksamer Substanzen in mindestens 20 % der eingeführten Sendungen von Zuchtfischereierzeugnissen aus Indonesien, sowie die Überwachung der Produktionskette, dahingehend vor, dass lebende Tiere, ihre festen und flüssigen Ausscheidungen, Tiergewebe, tierische Erzeugnisse, Futtermittel und Trinkwasser für Tiere auf bestimmte Rückstände und Stoffe untersucht werden, da das Vorhandensein von Rückständen von Tierarzneimitteln und nicht zugelassenen Stoffen in Lebensmitteln ein potenzielles Risiko für die menschliche Gesundheit darstellt.

1.7.2 Ergebnisse

Aufgrund des oben genannten Beschlusses der Kommission wurden von Deutschland 93 Proben (im ersten Quartal 79 Proben, im 2. und 3. Quartal keine Proben, 4. Quartal 14 Proben) über Zuchtfischereierzeugnisse aus Indonesien für das Berichtsjahr 2010 gemeldet:

Keine der untersuchten Proben ergab eine Beanstandung.

In Abb. 1.7-1 sind die Ergebnisse der Überprüfung von Zuchtfischereierzeugnissen aus Indonesien für die letzten fünf Jahre dargestellt. In den vergangenen Jahren betrug der Anteil beanstandeter Proben immer weniger als 1 Prozent. Auffällig ist, dass in 2010 die Anzahl der untersuchten Sendungen nur noch ca. ein Viertel der vorangegangenen Jahre beträgt.

---

[15] Entscheidung der Kommission vom 12. August 2002 zur Umsetzung der Richtlinie 96/23/EG des Rates betreffend die Durchführung von Analysemethoden und die Auswertung von Ergebnissen (2002/657/EG).

[16] Verordnung (EG) Nr. 470/2009 des Europäischen Parlaments und des Rates vom 6. Mai 2009 über die Schaffung eines Gemeinschaftsverfahrens für die Festsetzung von Höchstmengen für Rückstände pharmakologisch wirksamer Stoffe in Lebensmitteln tierischen Ursprungs, zur Aufhebung der Verordnung (EWG) Nr. 2377/90 des Rates und zur Änderung der Richtlinie 2001/82/EG des Europäischen Parlaments und des Rates und der Verordnung (EG) Nr. 726/2004 des Europäischen Parlaments und des Rates.

---

[17] Beschluss der Kommission vom 16. April 2010 über Sofortmaßnahmen für aus Indonesien eingeführte Sendungen mit zum menschlichen Verzehr bestimmten Zuchtfischereierzeugnissen (2010/220/EU).

[18] Entscheidung der Kommission vom 21. März 2006 über Sondervorschriften für die Einfuhr von zum Verzehr bestimmten Fischereierzeugnissen aus Indonesien (2006/236/EG).

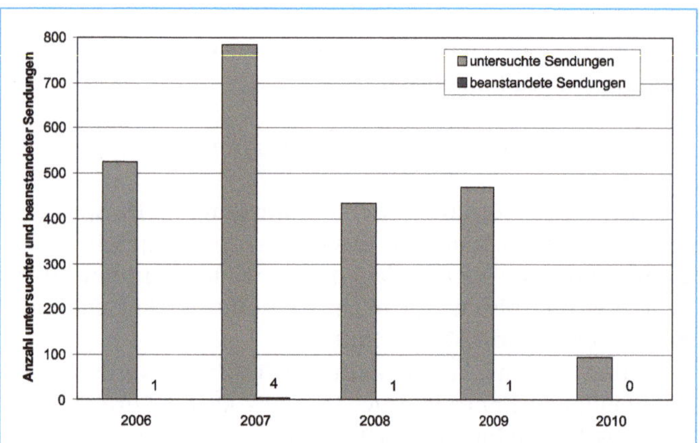

Abb. 1.7-1 Ergebnisse der Überprüfung von zum menschlichen Verzehr bestimmten Zuchtfischereierzeugnisse aus Indonesien für die Jahre 2006–2010.

1.8
Bericht über die Rückstandssituation von Krustentieren aus Bangladesch

1.8.1 Anlass der Kontrolle und Rechtsgrundlage

Im Rahmen der Änderung der bisher gültigen Entscheidung 2008/630/EG[19] der Kommission vom 24. Juli 2008 trat der Beschluss der Kommission vom 12. Juli 2010 über Sofortmaßnahmen für die Einfuhr von zum Verzehr bestimmten Krustentieren aus Bangladesch (2010/387/EU)[20] in Kraft.

Dieser Beschluss sieht Kontrollmaßnahmen hinsichtlich bestimmter Stoffe und ihrer Rückstände in lebenden Tieren und tierischen Erzeugnissen sowie die Überwachung der Produktionskette für Tiere und Primärerzeugnisse tierischen Ursprungs dahingehend vor, dass lebende Tiere, ihre festen und flüssigen Ausscheidungen, Tiergewebe, tierische Erzeugnisse, Futtermittel und Trinkwasser für Tiere auf bestimmte Rückstände und Stoffe untersucht werden, da das Vorhandensein von Rückständen von Tierarzneimitteln und nicht zugelassenen Stoffen in Lebensmitteln ein potenzielles Risiko für die menschliche Gesundheit darstellt.

Das Inkrafttreten des Beschlusses und vorangegangener Entscheidung resultierte aus einem Inspektionsbesuche der Europäischen Gemeinschaft in Bangladesch im Jahr 2008. Es ergab sich daraus die Feststellung von Mängeln des Rückstandskontrollsystems und das Fehlen entsprechender Laborkapazitäten für die Untersuchung lebender Tiere und tierischer Erzeugnisse auf bestimmte Tierarzneimittel. Die ergriffenen Maßnahmen seitens Bangladeschs in Bezug auf diese Mängel waren nicht ausreichend, so dass es angebracht war, auf Gemeinschaftsebene bestimmte Sofortmaßnahmen für die

Einfuhr von Krustentieren aus Bangladesch zu treffen und aufrecht zu halten, damit ein wirksamer, einheitlicher Schutz der menschlichen Gesundheit sichergestellt werden kann.

1.8.2 Ergebnisse

Im Jahr 2010 wurden 41 Proben (1. Quartal 11 Proben, 2. Quartal 5, 3. Quartal 11 und 4. Quartal 14 Proben) von Krustentieren aus Bangladesch gemäß den Vorgaben untersucht. Bei keiner Probe wurde eine Überschreitung der erlaubten Werte festgestellt.

In Abb. 1.8-1 sind die Ergebnisse der Überprüfung der Rückstandssituation von Krustentieren aus Bangladesch für die Jahre 2009 und 2010 dargestellt. Insgesamt wurden im Jahr 2010 deutlich weniger Proben untersucht. Sowohl 2009 als auch 2010 kam es zu keiner Beanstandung.

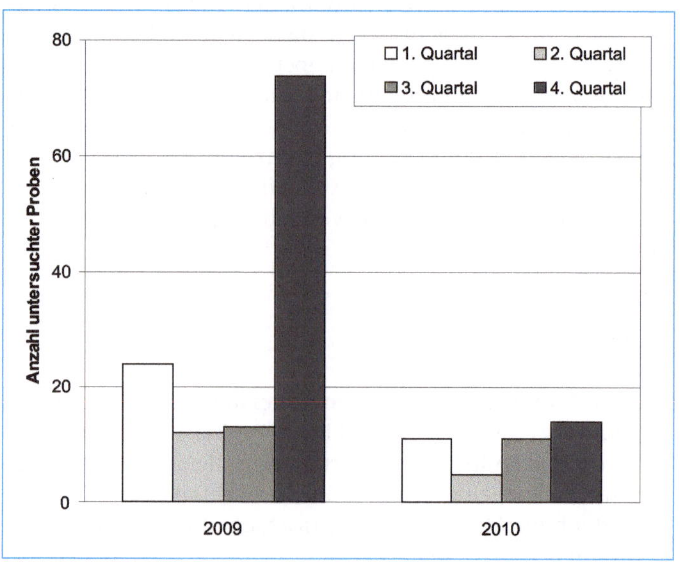

Abb. 1.8-1 Überprüfung der Rückstandssituation von Krustentieren aus Bangladesch: Anzahl untersuchter Proben für die Jahre 2009 und 2010.

1.9
Bericht zur Qualität von Guarkernmehl in importierten Futter- und Lebensmitteln aus Indien

1.9.1 Anlass der Kontrolle und Rechtsgrundlage

Im Berichtsjahr 2010 trat die Verordnung (EU) Nr. 258/2010 vom 25. März 2010[21] in Kraft, durch die aufgrund einer möglichen Kontamination durch Pentachlorphenol (PCP) und Dioxine Sondervorschriften für die Einfuhr von Guarkernmehl aus In-

---

[19] Entscheidung der Kommission vom 24. Juli 2008 über Sofortmaßnahmen für die Einfuhr von zum Verzehr bestimmten Krustentieren aus Bangladesch (2008/630/EG).

[20] Beschluss der Kommission vom 12. Juli 2010 zur Änderung der Entscheidung 2008/630/EG über Sofortmaßnahmen für die Einfuhr von zum Verzehr bestimmten Krustentieren aus Bangladesch (2010/387/EU).

[21] Entscheidung der Kommission vom 29. April 2008 zum Erlass von Sondervorschriften für die Einfuhr von Guarkernmehl, dessen Ursprung oder Herkunft Indien ist, wegen des Risikos einer Kontamination dieser Erzeugnisse mit Pentachlorphenol und Dioxinen (2008/352/EG).

dien erlassen wurden. Sie ersetzte die bisherige Entscheidung 2008/352/EG[22].

Das Inkrafttreten der Verordnung erfolgte aufgrund eines Follow-up-Inspektionsbesuches im Oktober 2009, bei dem schwerwiegende Mängel festgestellt worden waren. Unter anderem wurde nicht deutlich, inwieweit PCP in Indien industriell verwendet wird. Die Probennahme wurde ohne amtliche Aufsicht durchgeführt und im Fall einer Kontamination wurden keine Maßnahmen ergriffen. Die Schlussfolgerung daraus war, dass die Kontamination von Guarkernmehl mit PCP und/oder Dioxinen nicht als Einzelfall anzusehen ist. Da es keine Verbesserung des Kontrollsystems gab, wurden zusätzliche Maßnahmen zur Verringerung möglicher Risiken ergriffen und in der Verordnung (EU) Nr. 258/2010 festgelegt. Einige Neuerungen sind, dass für Guarkernmehl aus Indien neben einem Analysenbericht eines nach EN ISO/IEC 17025 akkreditierten Labors eine Genusstauglichkeitsbescheinigung gemäß dem Anhang vorliegen muss. Zufallskontrollen auf das Vorhandensein von Pentachlorphenol sind auch in Guarkernmehl anderer Länder als Indien durchzuführen, da nicht auszuschließen ist, dass Guarkernmehl mit Ursprung aus Indien über ein anderes Drittland in die EU gelangt.

Dem Erlass der Entscheidung und auch der Verordnung ging die im Oktober 2007 durchgeführte Dringlichkeitsinspektion durch die Kommission in Indien voraus, deren Auslöser die Feststellung hoher Pentachlorphenolgehalte und Dioxingehalte in einigen Chargen Guarkernmehl mit Ursprung in oder Herkunft aus Indien war.

Aufgrund mangelnder Kenntnisse über die Kontaminationsursache und der Erkenntnis, dass Natriumpentachlorphenolat in der Guarkernmehl verarbeitenden Industrie verwandt wird, wurde daher zum Schutz vor einer möglichen Gefahr für die öffentliche Gesundheit mit der Entscheidung 2008/352/EG ein Grenzwert von 0,01 mg PCP/kg festgelegt. Darüber hinaus wurde vorgeschrieben, dass allen Sendungen von Guarkernmehl (bzw. zusammengesetzten Lebensmitteln und Mischfuttermitteln mit mindestens 10 % Guarkernmehl) aus Indien ein Analysebericht beiliegen muss. Die Analysenergebnisse der Kontrolluntersuchungen werden der Kommission von den Mitgliedstaaten vierteljährlich berichtet.

1.9.2 Ergebnisse

Für das Jahr 2010 wurden dem BVL 53 Untersuchungsergebnisse von Lebensmittelproben gemeldet. Es wurde keine Probe positiv auf PCP oder Dioxin getestet. Ergebnisse zu Futtermittelproben liegen dem BVL für das Jahr 2010 nicht vor.

Die Probenanzahl stieg im Vergleich zu 2008 (11 Lebensmittelproben) und 2009 (20 Lebensmittelproben) an. In den Jahren 2008 und 2009 gab es keine bzw. zwei beanstandete Proben.

[22]Verordnung (EU) Nr. 258/2010 der Kommission vom 25. März 2010 zum Erlass von Sondervorschriften für die Einfuhr von Guarkernmehl, dessen Ursprung oder Herkunft Indien ist, wegen des Risikos einer Kontamination mit Pentachlorphenol und Dioxinen sowie zur Aufhebung der Entscheidung 2008/352/EG.

Bericht zur Überprüfung von Fleisch und Fleischerzeugnissen von Equiden aus Mexiko

1.10.1 Anlass der Kontrolle und Rechtsgrundlage

Gemäß der Richtlinie 97/78/EG[23] und der Verordnung (EG) Nr. 178/2002[24] sind die erforderlichen Maßnahmen zu treffen, wenn aus Drittländern eingeführte Erzeugnisse eine ernsthafte Gefährdung der Gesundheit von Mensch oder Tier darstellen können oder die Möglichkeit der Ausbreitung einer solchen Gefährdung besteht.

Daher dürfen Tiere sowie Fleisch und Fleischerzeugnisse von Tieren, denen bestimmte Stoffe mit hormonaler bzw. thyreostatischer Wirkung oder beta-Agonisten verabreicht wurden, gemäß der Richtlinie 96/22/EG[25] nicht aus Drittländern eingeführt werden. Eine Verabreichung zur therapeutischen oder tierzüchterischen Behandlung ist hiervon ausgenommen.

Die Entscheidung 2006/27/EG[26] legt Sondervorschriften für die Einfuhr von zum Verzehr bestimmten Fleisch- und Fleischerzeugnissen von Equiden aus Mexiko fest. Gemäß den Erwägungsgründen wurde bei einem Kontrollbesuch Mexikos der Europäischen Gemeinschaft im Jahr 2005 festgestellt, dass an Pferdefleisch insbesondere in Bezug auf den Nachweis der Stoffe, die gemäß der Richtlinie 96/22/EG verboten sind, keine zuverlässigen Kontrollen durchgeführt werden. Zudem wurden Mängel bei der Kontrolle des Tierarzneimittelmarktes festgestellt und nicht zugelassene Arzneimittel vorgefunden. Da die verbotenen Stoffe aufgrund dieser Mängel möglicherweise auch in der Pferdefleischerzeugung verwendet werden, könnten sie auch in Fleisch und Fleischerzeugnissen von Equiden enthalten sein, die für den Verzehr bestimmt sind. Somit besteht möglicherweise eine ernste Gefahr für die menschliche Gesundheit. Um zu verhindern, dass nicht zum Verzehr geeignetes Fleisch und Fleischerzeugnisse von Equiden in den Verkehr kommen, wird in der Entscheidung 2006/27/EG festgelegt, dass die Mitgliedstaaten an der Grenze der Gemeinschaft die erforderlichen Kontrollen durchführen und die Ergebnisse vierteljährlich der Kommission mitteilen.

1.10.2 Ergebnisse

Im Jahr 2010 wurden insgesamt 227 Proben von importierten Fleisch- und Fleischerzeugnissen von Equiden aus Mexiko auf

[23]Richtlinie 97/78/EG des Rates vom 18. Dezember 1997 zur Festlegung von Grundregeln für die Veterinärkontrollen von aus Drittländern in die Gemeinschaft eingeführten Erzeugnissen.

[24]Verordnung (EG) Nr. 178/2002 des Europäischen Parlaments und des Rates vom 28. Januar 2002 zur Festlegung der allgemeinen Grundsätze und Anforderungen des Lebensmittelrechts, zur Errichtung der Europäischen Behörde für Lebensmittelsicherheit und zur Festlegung von Verfahren zur Lebensmittelsicherheit.

[25]Richtlinie 96/22/EG des Rates vom 29. April 1996 über das Verbot der Verwendung bestimmter Stoffe mit hormonaler bzw. thyreostatischer Wirkung und von beta-Agonisten in der tierischen Erzeugung und zur Aufhebung der Richtlinien 81/602/EWG, 88/146/EWG und 88/299/EWG.

[26]Entscheidung der Kommission vom 16. Januar 2006 über Sondervorschriften für die Einfuhr von zum Verzehr bestimmten Fleisch- und Fleischerzeugnissen von Equiden aus Mexiko (2006/27/EG).

Hormonrückstände und beta-Agonisten untersucht. Davon entfielen 115 Proben auf das 1. Quartal, je 39 Proben auf das 2. und 3. Quartal sowie 34 Proben auf das 4. Quartal. Es ergaben sich keine Beanstandungen.

Auch 2009 hatte es keine Beanstandungen gegeben, wohingegen 2008, d. h. im ersten Berichtsjahr, noch 42 % der Proben beanstandet wurden.

1.11
Bericht über Melamin-Rückstände von eingeführter Milch bzw. Milcherzeugnisse aus China

1.11.1 Anlass der Kontrolle und Rechtsgrundlage

Nach den Erwägungsgründen der Entscheidung 2008/921/EG[27] können nach Artikel 53 der Verordnung (EG) Nr. 178/2002[28] in Notfällen geeignete Maßnahmen bei aus Drittländern eingeführten Lebens- oder Futtermitteln getroffen werden, um die Gesundheit von Mensch und Tier oder die Umwelt zu schützen, wenn dem davon ausgehenden Risiko durch Maßnahmen der einzelnen Mitgliedstaaten nicht zufriedenstellend begegnet werden kann.

Die Europäische Kommission wurde darüber unterrichtet, dass in Säuglingsanfangsnahrung, anderen Milcherzeugnissen, Soja- und Sojaerzeugnissen sowie in Ammoniumbicarbonat aus China Melamingehalte festgestellt wurden. Melamin ist ein chemisches Zwischenprodukt, das bei der Herstellung von Aminoharzen und Kunststoffen eingesetzt wird und als Monomer und Zusatzstoff bei Kunststoffen Verwendung findet. Hohe Gehalte an Melamin in Lebensmitteln können sehr schädliche Gesundheitsauswirkungen haben.

Aus diesen Gründen wurde geregelt, dass die Einfuhr in die Gemeinschaft von Erzeugnissen, die Milch oder Milcherzeugnisse und Soja oder Sojaerzeugnisse enthalten, verboten ist, wenn sie für die besonderen Ernährungsbedürfnisse von Säuglingen und Kleinkindern im Sinne der Richtlinie 89/398/EWG[29] bestimmt sind. Sämtliche Erzeugnisse, die nach Inkrafttreten der Entscheidung auf dem Markt angetroffen wurden, wurden sofort vom Markt genommen und vernichtet.

Des Weiteren führen die Mitgliedstaaten Kontrollen bei allen Sendungen durch, die für Lebensmittel oder Futtermittel bestimmt sind und deren Ursprung oder Herkunft China ist und die Milch, Milcherzeugnisse, Soja, Sojaerzeugnisse oder Ammoniumbicarbonat enthalten. Diese Kontrollen dienen vor allem dazu, sicherzustellen, dass der mögliche Melamingehalt 2,5 mg/kg Erzeugnis nicht übersteigt. Die Sendungen werden bis zur Vorlage der Ergebnisse der Laboruntersuchung festgehalten.

1.11.2 Ergebnisse

Gemäß Entscheidung 2008/921/EG wurden in 2010 insgesamt 95 Proben auf Melaminrückstände getestet und regelmäßig berichtet. Bei keiner Probe wurde eine Überschreitung des gesetzlichen Höchstwertes festgestellt.

Mykotoxine

Mykotoxine sind sekundäre Stoffwechselprodukte von Schimmelpilzen und besitzen bereits in geringen Konzentrationen toxische Eigenschaften. Wichtige Vertreter der Mykotoxine sind Aflatoxine, Ochratoxin A, Fusarientoxine (Deoxynivalenol, Zearalenon, Fumonisine, T-2-Toxin und HT-2-Toxin), Patulin und Mutterkornalkaloide. Ihre Bildung ist abhängig von äußeren Faktoren wie dem Nährstoffangebot, Temperatur, Feuchtigkeit und pH-Wert.

Eine Kontamination von Lebensmitteln mit Mykotoxinen ist auf verschiedenen Wegen möglich. Ein Schimmelpilzbefall und die damit verbundene Mykotoxinbildung kann bereits auf dem Feld oder erst bei der Lagerung erfolgen. Auch möglich ist das sogenannte *Carry over*, d. h. Nutztiere nehmen Mykotoxine über kontaminierte Futtermittel auf und lagern sie ein, sodass tierische Produkte wie Fleisch, Milch und Milchprodukte und Eier ebenfalls Mykotoxine enthalten können.

Die Verordnung (EG) Nr. 1881/2006[30] enthält Höchstgehalte für die verschiedenen Mykotoxine. Diese sind unter Berücksichtigung des mit dem Lebensmittelverzehr verbundenen Risikos so niedrig festzulegen, wie dies durch eine gute Landwirtschafts- und Herstellungspraxis vernünftigerweise erreichbar ist. Die Verordnung sieht vor, dass die Mitgliedstaaten der Kommission die Ergebnisse in Bezug auf Aflatoxine, Ochratoxin A und Fusarientoxine mitteilen.

1.12
Bericht über das Vorkommen von Aflatoxinen in bestimmten Lebensmitteln aus Drittländern

Aflatoxine werden von Schimmelpilzen der Gattung *Aspergillus* vor oder nach der Ernte gebildet. Sie treten vor allem in subtropischen und tropischen Klimabereichen auf, da die Bildung der Schimmelpilze durch Wärme und Feuchtigkeit gefördert wird. Häufig betroffene Produkte sind Nüsse, Trockenfrüchte, Reis und Mais. Zu den Aflatoxinen gehören die chemisch verwandten Einzelverbindungen Aflatoxin B_1, B_2, G_1, G_2 sowie M_1. Am häufigsten in Lebensmitteln tritt Aflatoxin B_1 auf, das genotoxisch und kanzerogen wirkt.[31]

---

[27] Entscheidung der Kommission vom 9. Dezember 2008 zur Änderung der Entscheidung 2008/798/EG (2008/921/EG).

[28] Verordnung (EG) Nr. 178/2002 des europäischen Parlaments und des Rates vom 28. Januar 2002 zur Festlegung der allgemeinen Grundsätze und Anforderungen des Lebensmittelrechts, zur Errichtung der Europäischen Behörde für Lebensmittelsicherheit und zur Festlegung von Verfahren zur Lebensmittelsicherheit.

[29] Richtlinie 89/398/EWG des Rates vom 3. Mai 1989 zur Angleichung der Rechtsvorschriften der Mitgliedstaaten über Lebensmittel, die für eine besondere Ernährung bestimmt sind.

[30] Verordnung (EG) Nr. 1881/2006 der Kommission vom 19. Dezember 2006 zur Festsetzung der Höchstgehalte für bestimmte Kontaminanten in Lebensmitteln.

[31] EFSA (Europäische Behörde für Lebensmittelsicherheit), 2009, Aflatoxine in Lebensmitteln, http://www.efsa.europa.eu/de/topics/topic/aflatoxins.htm (aufgerufen am 31. Oktober 2011).

1.12.1 Anlass der Kontrolle und Rechtsgrundlage

In einigen Lebensmitteln aus bestimmten Ländern wurden die Höchstgehalte für Aflatoxine häufig überschritten. Daher wurden zum Schutz der menschlichen Gesundheit zusätzlich Sondervorschriften für aus bestimmten Drittländern eingeführte Erzeugnisse getroffen. Mit Beginn des Jahres 2010 wurde die bis dahin gültige Entscheidung 2006/504/EG[32] durch die Verordnung (EG) Nr. 1152/2009[33] ersetzt. Der Anwendungsbereich der Verordnung umfasst Lebensmittel aus Brasilien (Paranüsse und Erzeugnisse), China (Erdnüsse und Erzeugnisse), Ägypten (Erdnüsse und Erzeugnisse), Iran (Pistazien und Erzeugnisse), der Türkei (Feigen, Haselnüsse, Pistazien und Erzeugnisse) und den USA (Mandeln und Erzeugnisse). Insbesondere vor oder bei der Einfuhr dieser Lebensmittel ist das Vorkommen von Aflatoxinen zu überprüfen.

Hinsichtlich der Höchstgehalte für Aflatoxine wurde die Verordnung (EG) Nr. 1881/2006 durch die Verordnung (EU) Nr. 165/2010[34] geändert. Grund dafür waren neue wissenschaftliche Erkenntnisse und Entwicklungen im Rahmen des Codex Alimentarius. Es wurden Höchstwerte für andere Ölsaaten als Erdnüsse und für Reis ergänzt. Zudem wurden die Höchstwerte für Mandeln, Haselnüsse und Pistazien zur Erleichterung des weltweiten Handels angehoben, nachdem das Wissenschaftliche Gremium der Europäischen Behörde für Lebensmittelsicherheit (EFSA) für Kontaminanten in der Lebensmittelkette (CONTAM-Gremium) in einem Gutachten zu dem Schluss kam, dass eine Anhebung der Höchstwerte nur geringe Auswirkungen auf die Schätzwerte für die ernährungsbedingte Exposition sowie auf das Krebsrisiko hätte[35]. Ebenso wurden die Höchstwerte für andere Schalenfrüchte angehoben, worin das CONTAM-Gremium keine nachteiligen Auswirkungen auf die öffentliche Gesundheit sah[36]. Das Gremium schloss in beiden Gutachten, dass die Exposition gegenüber Aflatoxinen aus allen Quellen aufgrund der genotoxischen sowie kanzerogenen Eigenschaften so gering wie vernünftigerweise erreichbar sein muss.

1.12.2 Ergebnisse

Für das Berichtsjahr 2010 liegen für kontrollierte Warenproben aus einer Reihe von Drittländern Meldungen vor. Dies betrifft importierte Lebensmittel aus China, dem Iran, der Türkei und den USA. Beanstandungen gab es bei 13 % (China), 9 % (Iran), 0 bis 25 % (Türkei) bzw. 3 % (USA) der beprobten Sendungen (vgl. Tab. 1.12-1). Die Höchstgehalte wurden in vielen Fällen erheblich überschritten. Aus Brasilien und Ägypten wurden keine Sendungen beprobt. Auch Nuss- oder Trockenfrüchtemischungen mit Mandeln aus den USA wurden 2010 nicht untersucht.

Abb. 1.12-1 zeigt die Entwicklung des prozentualen Anteils an Höchstgehaltüberschreitungen für relevante Lebensmittel im Zeitraum 2007–2010, d. h. nach Inkrafttreten der Sondervorschriften für aus bestimmten Drittländern eingeführte Erzeugnisse. Es ist festzustellen, dass für alle Lebensmittel insgesamt ein abnehmender Trend festzustellen ist. Da aber die prozentualen Beanstandungsraten, beispielsweise 13 % für Erdnüsse oder Verarbeitungsprodukte aus China, 12 % für Pistazien aus der Türkei und 9 % für Pistazien und Verarbeitungsprodukte aus Iran, immer noch hoch sind, ist der hohe zusätzliche Kontrollaufwand in Bezug auf die Kontamination mit Aflatoxinen in bestimmten Lebensmitteln weiter gerechtfertigt.

Bericht über das Vorkommen von Ochratoxin A in ausgewählten Lebensmitteln

Ochratoxin A (OTA) ist ein Mykotoxin der Schimmelpilzgattungen *Aspergillus* und *Penicillium*. Gemäß einer wissenschaftlichen Stellungnahme der Europäischen Behörde für Lebensmittelsicherheit (EFSA) von 2006[37] wurde eine Kontamination durch Ochratoxin A in zahlreichen Lebensmitteln nachgewiesen, unter anderem in Getreide und Getreideerzeugnissen, Kaffee, Trockenfrüchten, Fruchtsäften, Wein, Bier, Kakao, Süßholz, Gewürzen und Hülsenfrüchten. Durch *Carry over* ist auch eine Kontamination von tierischen Erzeugnissen möglich. Bei OTA handelt es sich um eine sehr stabile Verbindung, die bei der haushaltsüblichen Zubereitung der Lebensmittel sowie beim Kaffeerösten nicht zerstört wird. Der Befall mit Schimmelpilzen und die damit verbundene OTA-Bildung kann bereits auf dem Feld erfolgen, findet jedoch meist während der Lagerung statt. Im Gegensatz zu Aflatoxinen, die insbesondere in Produkten aus subtropischen und tropischen Klimabereichen nachzuweisen sind, tritt OTA auch in gemäßigten Klimazonen auf. OTA hat nephrotoxische und genotoxische Eigenschaften und wirkt im Tierversuch kanzerogen.

In der Stellungnahme der EFSA wird von einer täglichen OTA-Gesamtaufnahme von 2–3 ng/kg Körpergewicht/Tag ausgegangen. Die durchschnittliche Belastung von geröstetem Kaffee mit OTA liegt bei 0,72 µg/kg Lebensmittel, von Getreide bei 0,29 µg/kg und von Bier bei 0,03 µg/kg. Werden den Wer-

---

[32] Entscheidung vom 12. Juli 2006 über Sondervorschriften für aus bestimmten Drittländern eingeführte bestimmte Lebensmittel wegen des Risikos einer Aflatoxin-Kontamination dieser Erzeugnisse (2006/504/EG).

[33] Verordnung (EG) Nr. 1152/2009 der Kommission vom 27. November 2009 mit Sondervorschriften für die Einfuhr bestimmter Lebensmittel aus bestimmten Drittländern wegen des Risikos einer Aflatoxin-Kontamination und zur Aufhebung der Entscheidung 2006/504/EG.

[34] Verordnung (EU) Nr. 165/2010 der Kommission vom 26. Februar 2010 zur Änderung der Verordnung (EG) Nr. 1881/2006 zur Festsetzung der Höchstgehalte für bestimmte Kontaminanten in Lebensmitteln hinsichtlich Aflatoxinen.

[35] EFSA (Europäische Behörde für Lebensmittelsicherheit), 2007, Gutachten des Wissenschaftlichen Gremiums CONTAM über den potenziellen Anstieg des Gesundheitsrisikos für Verbraucher durch eine mögliche Anhebung der zulässigen Höchstwerte für Aflatoxine in Mandeln, Haselnüssen und Pistazien und daraus hergestellten Produkten, The EFSA Journal (2007) 446, S. 1–127, http://www.efsa.europa.eu/de/efsajournal/pub/446.htm (aufgerufen am 31. Oktober 2011).

[36] EFSA (Europäische Behörde für Lebensmittelsicherheit), 2009, Gutachten des Wissenschaftlichen Gremiums CONTAM, Effects on public health of an increase of the levels for aflatoxin total from 4 µg/kg to 10 µg/kg for tree nuts other than almonds, hazelnuts and pistachios, The EFSA Journal (2009) 1168, S. 1–11, http://www.efsa.europa.eu/en/efsajournal/pub/1168.htm (aufgerufen am 31. Oktober 2011).

[37] EFSA (Europäische Behörde für Lebensmittelsicherheit), 2006, Gutachten des Wissenschaftlichen Gremiums CONTAM bezüglich Ochratoxin A in Lebensmitteln, The EFSA Journal (2006) 365, S. 1–56, http://www.efsa.europa.eu/de/efsajournal/doc/365.pdf (aufgerufen am 31. Oktober 2011).

Herkunfts-land	Produkte	Anzahl beprobter Sendungen	Anzahl bean-standeter Proben	Maximal nachgewiesener Aflatoxingehalt [µg/kg]	
				B$_1$	B/G-Summe
Brasilien	Paranüsse in der Schale	0	–	–	–
	Nuss- oder Trocken-früchtemischungen, die Paranüsse in der Schale enthalten	0	–	–	–
China	Erdnüsse und Verarbei-tungsprodukte	102	13 (13 %)	130,2	150,7
Ägypten	Erdnüsse und Verarbei-tungsprodukte	0	–	–	–
Iran	Pistazien und Verarbei-tungsprodukte	308	29 (9 %)	160,9	171,3
Türkei	Getrocknete Feigen	79	6 (8 %)	33,4	35,6
	Haselnüsse	193	3 (2 %)	25,3	28,3
	Pistazien	65	8 (12 %)	175	205
	Nuss- oder Trocken-früchtemischungen, die Feigen, Haselnüsse oder Pistazien enthalten	11	1 (9 %)	40	49
	Feigen-, Pistazien- und Haselnusspaste	36	0	–	–
	Haselnüsse, Feigen und Pistazien und Verarbei-tungsprodukte	138	7 (5 %)	175	205
	Mehl, Grieß und Pulver von Haselnüssen, Feigen und Pistazien	5	0	0	0
	In Stücke geschnittene und zerkleinerte Hasel-nüsse aus der Türkei	1	0	–	–
	Knusperwaffeln mit Haselnüssen umhüllt von Milchschokolade	3	0	–	–
	Trockenfrüchte-mischungen	3	0	–	–
	Milchschokolade mit Pistazien	6	0	–	–
	Krokant und krokant-ähnliche Erzeugnisse mit Pistazien / Pistazien-riegel	8	2 (25 %)	7,74	9,2
USA	Mandeln und Verarbei-tungsprodukte	63	2 (3 %)	50,2	62,5
	Nuss- oder Trocken-früchtemischungen, die Mandeln enthalten	0	–	–	–
unbekanntes Herkunftsland	Schalenobst und Mischungen	1	0	–	–

Tab. 1.12-1 Ergebnisse der Kontrollen auf Aflatoxine in relevanten Lebensmitteln welche in die Bundesrepublik Deutschland aus China, Iran, Türkei bzw. USA im Jahr 2010 eingeführt wurden.

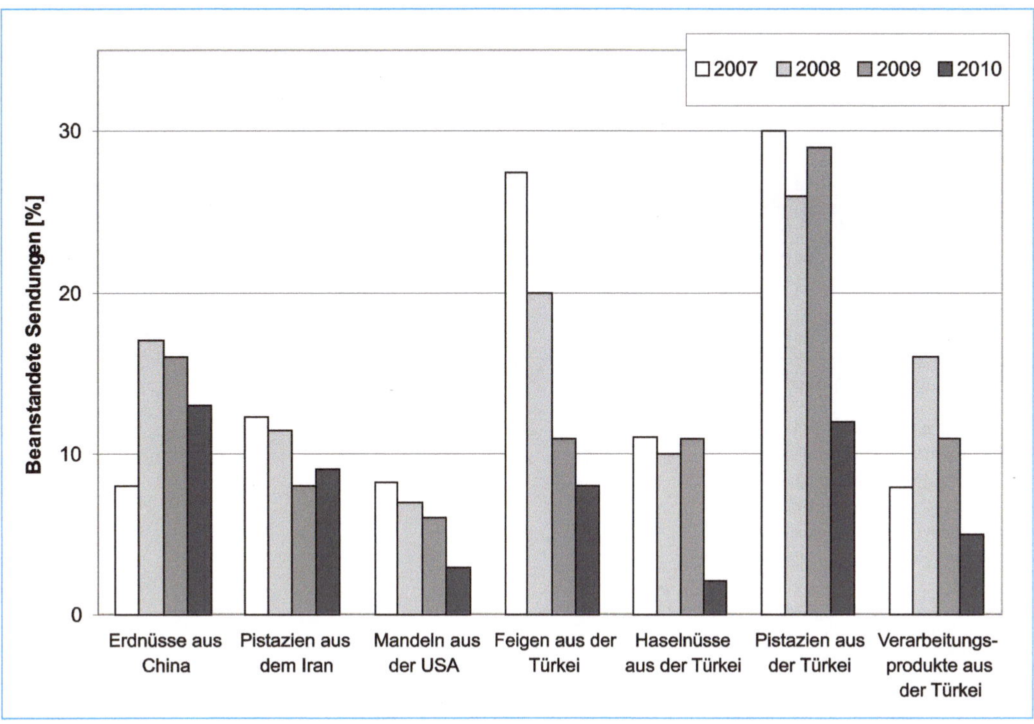

Abb. 1.12-1 Vergleich der beanstandeten Sendungen [%] bei Kontrollen auf Aflatoxine für relevante Lebensmittel im Zeitraum 2007–2010.

ten durchschnittlicher Belastung verschiedener Lebensmittel die üblichen Verzehrsmengen zugrunde gelegt, so ergibt sich für den Verbraucher eine wöchentliche OTA-Aufnahme von 15–20 ng/kg Körpergewicht (KG) (bzw. 40–60 ng/kg KG bei hohem Konsum). Die EFSA leitete ein *Tolerable Weekly Intake* (*TWI*) von 120 ng/kg KG für Ochratoxin A ab.

1.13.1 Anlass der Kontrolle und Rechtsgrundlage

In der Verordnung (EG) Nr. 1881/2006[38] werden Höchstwerte für potentiell belastete Lebensmittel festgelegt. Dazu gehören unter anderem Getreide, getrocknete Weintrauben, Wein, Traubensaft, Röstkaffee und Lebensmittel für Säuglinge und Kleinkinder. Da auch bei Gewürzen und Süßholz wiederholt ein sehr hoher OTA-Gehalt nachgewiesen wurde, wurden auch für diese Produkte Höchstgehalte festgelegt. Dazu erfolgte eine Änderung der Verordnung (EG) Nr. 1881/2006 durch die Verordnung (EU) Nr. 105/2010[39], die ab dem 1. Juli 2010 galt. Auch die Überwachung des OTA-Gehaltes in bestimmten Lebensmitteln, für die noch kein Höchstgehalt besteht, soll fortgesetzt werden. Dazu gehören Bier, grüner Kaffee, Kakao und Kakaoerzeugnisse und andere Trockenfrüchte als getrocknete Weintrauben.

In Deutschland gelten über die europäischen Verordnungen hinaus Höchstwerte für getrocknete Feigen und andere Trockenfrüchte. Die Höchstwerte waren im Berichtsjahr 2010

zunächst in der Mykotoxinhöchstmengen-Verordnung enthalten, die mit anderen Rechtsvorschriften zur Kontaminanten-Verordnung[40] (in Kraft getreten am 27. 03. 2010) zusammengefasst wurde.

1.13.2 Ergebnisse

Im Berichtsjahr 2010 wurden 3.064 Proben aus 22 verschiedenen Lebensmittelgruppen auf ihren OTA-Gehalt untersucht. Die Ergebnisse sind in Tab. 1.13-1 aufgeführt. Bei 1.793 Proben (58,5 %) lagen die Ochratoxin A-Gehalte unterhalb der Nachweisgrenze. Höchstwertüberschreitungen gab es bei 39 Proben (1,3 %) aus 7 Lebensmittelgruppen. Damit war die Beanstandungsrate wie in den Vorjahren insgesamt gering.

In der Gruppe *Diätetische Lebensmittel für besondere medizinische Zwecke, die eigens für Säuglinge bestimmt sind*, wurden erstmals seit 2005 Proben gemeldet. Es wurden 2 Proben untersucht und in beiden war der Höchstgehalt überschritten, sodass dies Beachtung finden sollte. Die Höchstgehaltüberschreitungen im Bereich *Getreidebeikost und andere Beikost für Säuglinge und Kleinkinder* gingen im Vergleich zu 2009 von 11,4 % auf 2,1 % deutlich zurück, wobei etwa gleich viele Proben untersucht wurden (95 Proben 2009 und 97 Proben 2010).

Weitere Überschreitungen des Höchstgehaltes wurden im Jahr 2010 in den Lebensmittelgruppen *Getrocknete Weintrauben*, *Paprika/Chili*, *Getrocknete Feigen*, *Andere Trockenfrüchte*, *Erzeugnisse aus unverarbeitetem Getreide* sowie *Unverarbeitetes Getreide* festgestellt.

---

[38] Verordnung (EG) Nr. 1881/2006 der Kommission vom 19. Dezember 2006 zur Festsetzung der Höchstgehalte für bestimmte Kontaminanten in Lebensmitteln.

[39] Verordnung (EU) Nr. 105/2010 der Kommission vom 5. Februar 2010 zur Änderung der Verordnung (EG) Nr. 1881/2006 zur Festsetzung der Höchstgehalte für bestimmte Kontaminanten in Lebensmitteln hinsichtlich Ochratoxin A.

[40] Verordnung zur Begrenzung von Kontaminanten in Lebensmitteln (Kontaminanten-Verordnung) vom 19. März 2010 (BGBl. I, S. 287).

Tab. 1.13-1 Ergebnisse der Untersuchung ausgewählter Lebensmittelgruppen auf den Gehalt an Ochratoxin A im Jahr 2010.

	Anzahl der Proben			Ergebnisse [µg/kg] bzw. [µl/L]*				Höchstgehalt [µg/kg]	Anzahl an Proben > Höchstgehalt
	Gesamt	< Nachweisgrenze	< Nachweisgrenze [%]	Mittelwert	Median	95. Perzentil	Max. Wert		
Unverarbeitetes Getreide	328	298	91	0,2	0	0,4	38,4	5,0	2 (0,6 %)
Aus unverarbeitetem Getreide gewonnene Erzeugnisse, einschließlich verarbeitete Getreideerzeugnisse und zum unmittelbaren menschlichen Verzehr bestimmtes Getreide	479	307	64	0,3	0,1	1,2	11,7	3,0	9 (1,9 %)
Getrocknete Weintrauben (Korinthen, Rosinen und Sultaninen)	178	54	30	1,9	0,6	6,3	38,6	10,0	6 (3,4 %)
Geröstete Kaffeebohnen sowie gemahlener gerösteter Kaffee außer löslicher Kaffee	210	132	63	0,3	0,09	1,5	3,8	5,0	–
Löslicher Kaffee (Instantkaffee)	108	49	45	0,7	0,4	2,7	6,6	10,0	–
Wein (einschließlich Schaumwein, ausgenommen Likörwein und Wein mit einem Alkoholgehalt von mindestens 15 Vol.-%) und Fruchtwein	316	177	56	0,06	0	0,3	0,6	2,0	–
Aromatisierter Wein, aromatisierte weinhaltige Getränke und aromatisierte weinhaltige Cocktails	25	5	20	0,4	0,2	1,4	1,9	2,0	–
Traubensaft, rekonstituiertes Traubensaftkonzentrat, Traubennektar, zum unmittelbaren menschlichen Verzehr bestimmter Traubenmost und zum unmittelbaren menschlichen Verzehr bestimmtes rekonstituiertes Traubenmostkonzentrat	157	21	13	0,2	0,2	0,4	0,5	2,0	–
Getreidebeikost und andere Beikost für Säuglinge und Kleinkinder	97	92	95	0,03	0,00	–	1,3	0,5	2 (2,1 %)
Diätetische Lebensmittel für besondere medizinische Zwecke, die eigens für Säuglinge bestimmt sind	2	0	0	1	1	–	1	0,5	2 (100 %)
Grüner Kaffee	–	–	–	–	–	–	–	–	–

(Fortsetzung Tab. 1.13-1)

	Anzahl der Proben			Ergebnisse [µg/kg] bzw. [µl/L]*				Höchstgehalt [µg/kg]	Anzahl an Proben > Höchstgehalt
	Gesamt	< Nachweisgrenze	< Nachweisgrenze [%]	Mittelwert	Median	95. Perzentil	Max. Wert		
andere Trockenfrüchte als getrocknete Weintrauben	689	527	76	0,0	2,5	431,5	431,5	–	–
Getrocknete Feigen	*628*	*468*	*75*	*1,9*	*0,0*	*2,7*	*431,5*	*8,0***	*12 (1,9 %)*
alle anderen	*61*	*59*	*97*	*0,1*	*0*	*0,1*	*4,40*	*2,0***	*1 (1,6 %)*
Bier	43	24	56	0,02	0,01	0,1	0,3	–	–
Kakao u. Kakaoerzeugnisse	95	23	24	0,7	0,7	1,6	2,40	–	–
Likörweine	6	2	33	0,2	0,1	–	0,4	–	–
Fleischerzeugnisse	3	0	0	0,7	0,7	–	0,7	–	–
Gewürze und Würzmittel	278	74	27	6,0	1,4	20,4	136,6		
Paprika/Chili	*169*	*18*	*11*	*9,2*	*3,7*	*35,5*	*136,6*	*30****	*5 (3,0 %)*
Pfeffer	*35*	*25*	*71*	*0,6*	*0,0*	*–*	*11,4*	*–*	*–*
sonstige Gewürze	*74*	*31*	*42*	*1,4*	*0,3*	*7,2*	*19,0*	*–*	*–*
Lakritz	50	8	16	0,6	0,4	2,2	2,4	–	–
Süßholzwurzel	–	–	–	–	–	–	–	–	–
Gesamt	**3.064**	**1.793**	**59**						**39 (1,3 %)**

* Angabe der Werte unterhalb der Bestimmungsgrenze (LOQ): 0, wenn unterhalb der Nachweisgrenze, sonst 0,5 × LOQ; ** Mykotoxin-Höchstmengenverordnung (MHmV), ab 17. 3. 2010 Kontaminanten-Verordnung; *** Verordnung (EG) Nr. 105/2010 für Probenahme ab dem 01. 07. 2010.

1.14

Bericht über das Vorkommen von Fusarientoxinen in bestimmten Lebensmitteln

Fusarientoxine sind Mykotoxine, die von Schimmelpilzen der Gattung *Fusarium* gebildet werden. Häufig belastet sind Getreide wie Weizen, Mais und Hafer, die in den gemäßigten Klimazonen angebaut werden. Der Pilzbefall erfolgt während der Blütezeit auf dem Feld. Die Pilze können sich aber unter günstigen Bedingungen auch bei der Lagerung ausbreiten.

Die etwa 100 Fusarientoxine werden in drei Gruppen unterteilt: Trichothecene, Zearalenon und seine Derivate und Fumonisine. Wichtige Vertreter der Gruppe der Trichothecene sind Deoxynivalenol (DON), Nivalenol und deren Vorläufer in der Biosynthese, 3- und 15-Acetyldeoxynivalenol, sowie T-2-Toxin und HT-2-Toxin. Der wissenschaftliche Lebensmittelausschuss der Europäischen Kommission (SCF) legte für Deoxynivalenol eine tolerierbare tägliche Aufnahme (TDI) von 1 µg/kg Körpergewicht (KG) fest[41]. Vorläufige TDI-Werte wurden für Nivalenol (0,7 µg/kg KG)[42] sowie für die Summe von T-2- und HT-2-Toxin (0,06 µg/kg KG)[43] bestimmt. Für die Gruppe des Zearalenons, das häufig mit Trichothecenen auftritt, legte der SCF eine vorläufige TDI von 0,2 µg/kg KG fest[44]. Es werden insgesamt 6 Fumonisine unterschieden (B_1–B_4; A_1, A_2), mit denen insbesondere Mais und Maiserzeugnisse stark belastet sind. Als TDI für Fumonisine wurde vom SCF 2 µg/kg KG festgelegt[45,46].

[41] Stellungnahme des Wissenschaftlichen Lebensmittelausschusses zu Fusarientoxinen, Teil 1: Deoxynivalenol (DON) vom 02.12.1999, http://ec.europa.eu/foof/fs/sc/scf/out44_en.pdf (aufgerufen am 28. Oktober 2011).

[42] Stellungnahme des Wissenschaftlichen Lebensmittelausschusses zu Fusarientoxinen, Teil 4: Nivalenol vom 19.10.2000, http://ec.europa.eu/food/fs/sc/scf/out74_en.pdf (aufgerufen am 28. Oktober 2011).

[43] Stellungnahme des Wissenschaftlichen Lebensmittelausschusses zu Fusarientoxinen, Teil 5: T-2- und HT-2-Toxin vom 30.05.2001, http://ec.europa.eu/food/fs/sc/scf/out88_en.pdf (aufgerufen am 28. Oktober 2011).

[44] Stellungnahme des Wissenschaftlichen Lebensmittelausschusses zu Fusarientoxinen, Teil 2: Zearalenon vom 22.06.2000, http://ec.europa.eu/food/fs/sc/scf/out65_en.pdf (aufgerufen am 28. Oktober 2011).

[45] Stellungnahme des Wissenschaftlichen Lebensmittelausschusses zu Fusarientoxinen, Teil 3: Fumonisin B_1 (FB_1) vom 17.10.2000, http://ec.europa.eu/food/fs/sc/scf/out73_en.pdf (aufgerufen am 31. Oktober 2011).

[46] Aktualisierte Stellungnahme des Wissenschaftlichen Lebensmittelausschusses zu Fumonisin B_1, B_2 und B_3 vom 04.04.2003, http://ec.europa.eu/food/fs/sc/scf/out185_en.pdf (aufgerufen am 31. Oktober 2011).

1.14.1 Anlass der Kontrolle und Rechtsgrundlage

Gemäß den Erwägungsgründen der Verordnung (EG) Nr. 1881/2006[47] wurden aufgrund der Stellungnahmen des SCF und weiterer wissenschaftlichen Beurteilungen sowie Aufnahmeabschätzungen Höchstgehalte für DON, Zearalenon und die Summe der Fumonisine B_1 und B_2 festgelegt. Es wurden sowohl für unverarbeitetes Getreide, als auch für Getreideerzeugnisse Höchstgehalte festgelegt, da Fusarientoxine in unverarbeitetem Getreide durch Reinigung und Verarbeitung in unterschiedlichem Maße verringert werden.

Für die T-2- und HT-2-Toxine sollte eine zuverlässige, empfindliche Nachweismethode entwickelt werden, weitere Daten erhoben werden und Faktoren untersucht werden, die das Vorkommen vor allem in Hafer und Hafererzeugnissen beeinflussen. Spezifische Maßnahmen für 3- und 15-Acetyldeoxynivalenol, Nivalenol sowie Fumonisin B_3 sind laut der Verordnung nicht notwendig, da diese Mykotoxine gleichzeitig mit DON bzw. Fumonisin B_1 und B_2 auftreten. Daher bewirken Maßnahmen hinsichtlich DON und Fumonisin B_1 und B_2 auch einen Schutz vor der Exposition gegenüber den gleichzeitig auftretenden Mykotoxinen.

In der Verordnung (EG) Nr. 1881/2006 wird zudem auf die Empfehlung 2006/583/EG[48] verwiesen. Diese enthält Grundsätze für die Prävention und Reduzierung der Kontamination von Getreide mit Fusarientoxinen, um den Befall mit Fusarium-Pilzen mittels einer guten landwirtschaftlichen Praxis zu verhindern. Die Grundsätze sollten in den Mitgliedstaaten durch Entwicklung nationaler Leitlinien umgesetzt werden.

Hinsichtlich der Höchstgehalte von Fusarientoxinen in Mais und Maisprodukten wurde die Verordnung (EG) Nr. 1881/2006 durch die Verordnung (EG) Nr. 1126/2007[49] geändert. Ge-

---

[47] Verordnung (EG) Nr. 1881/2006 der Kommission vom 19. Dezember 2006 zur Festsetzung der Höchstgehalte für bestimmte Kontaminanten in Lebensmitteln.

[48] Empfehlung der Kommission vom 17. August 2006 zur Prävention und Reduzierung von Fusarientoxinen in Getreide und Getreideprodukten (2006/583/EG).

[49] Verordnung (EG) Nr. 1126/2007 der Kommission vom 28. September 2007 zur Änderung der Verordnung (EG) Nr. 1881/2006 zur Festsetzung der Höchstgehalte für bestimmte Kontaminanten in Lebensmitteln hinsichtlich Fusarientoxinen in Mais und Maiserzeugnissen.

Tab. 1.14-1 Probenanzahl bei der Lebensmitteluntersuchung zu Fusarientoxinen im Jahr 2010 sowie Anzahl der beteiligten Bundesländer.

Analyse auf	Anzahl der Proben	Anzahl der Bundesländer, die Proben analysiert haben
Deoxynivalenol	707	15
Zearalenon	191	8
Fumonisin B_1	27	1
Fumonisin B_2	27	1
HT-2-Toxin	34	4
T-2-Toxin	34	4

mäß den Erwägungsgründen der Verordnung (EG) Nr. 1126/2007 wurde festgestellt, dass bei bestimmten Wetterbedingungen die Höchstgehalte für Zearalenon und Fumonisine in Mais und Maisprodukten nicht eingehalten werden können, auch wenn Präventionsmaßnahmen erfolgen. Daher wurden die Höchstgehalte für Mais so angehoben, dass Marktstörungen vermieden werden können, aber die menschliche Exposition dennoch deutlich unter dem gesundheitsbezogenen Richtwert bleibt.

1.14.2 Ergebnisse

Für das Jahr 2010 wurden dem BVL 1.020 Ergebnisse von Analysen auf das Vorkommen der Fusarientoxine Deoxynivalenol, Zearalenon, Fumosinin B_1 und B_2 sowie HT-2-Toxin und T-2-Toxin in Lebensmitteln gemeldet. Die Anzahl der untersuchten Proben je Toxin sowie die Anzahl der Bundesländer, die sich an diesen Untersuchungen beteiligten, sind in Tab. 1.14-1 wiedergegeben.

In den folgenden Tabellen Tab. 1.14-2 bis Tab. 1.14-5 werden die Gesamtanzahl der Proben und die Anzahl der positiven Proben in relevanten Warengruppen nach Analyse auf eines der oben genannten Mykotoxine gegenübergestellt. Sofern eine

---

Tab. 1.14-2 Anzahl der auf *Deoxynivalenol* im Jahr 2010 untersuchten Lebensmittelproben aus verschiedenen Warengruppen, Anzahl der positiven Proben und der Höchstmengenüberschreitungen (Gesamtanzahl der auf DON untersuchten Proben: 707; hier nur exemplarische Angaben zu einigen Warengruppen).

Warengruppe	Gesamtanzahl der Proben	Anzahl positiver Proben	Anzahl positiver Proben > Höchstmenge	Festgelegte Höchstmenge (µg/kg)
Unverarbeitetes Getreide außer Hartweizen, Hafer und Mais	130	35	0	1.250
Zum unmittelbaren menschlichen Verzehr bestimmtes Getreide, Getreidemehl, als Enderzeugnis für den unmittelbaren menschlichen Verzehr vermarktete Kleie und Keime	529	290	1	750
Teigwaren (trocken)	16	4	0	750
Brot (einschließlich Kleingebäck), feine Backware, Kekse, Getreide-Snacks und Frühstückscerealien	28	13	0	500

Tab. 1.14-3 Anzahl der auf *Zearalenon* im Jahr 2010 untersuchten Lebensmittelproben aus verschiedenen Warengruppen, Anzahl der positiven Proben und der Höchstmengenüberschreitungen (Gesamtanzahl der auf Zearalenon untersuchten Proben: 191; hier nur exemplarische Angaben zu einigen Warengruppen).

Warengruppe	Gesamtanzahl der Proben	Anzahl positiver Proben	Anzahl positiver Proben > Höchstmenge	Festgelegte Höchstmenge [µg/kg]
Unverarbeitetes Getreide außer Mais	127	7	0	100
Zum unmittelbaren menschlichen Verbrauch bestimmtes Getreide, Getreidemehl, als Enderzeugnis für den unmittelbaren menschlichen Verzehr vermarktete Kleie und Keime (außer Maisprodukte, Getreidebeikost, Cerealien und Snacks)	45	6	1	75
Brot (einschließlich Kleingebäck), feine Backwaren, Kekse, Getreidesnacks und Frühstückscerealien, Müsli (außer Maisprodukte)	17	1	0	50

Tab. 1.14-4 Anzahl der auf *Fumonisine (B_1 und B_2)* im Jahr 2010 untersuchten Lebensmittelproben aus verschiedenen Warengruppen, Anzahl der positiven Proben und der Höchstmengenüberschreitungen (Gesamtanzahl der auf Fumonisine untersuchten Proben: 27).

Warengruppe	Gesamtanzahl der Proben	Anzahl positiver Proben		Anzahl positiver Proben > Höchstmenge		festgelegte Höchstmenge [µg/kg] (Für Summe B_1 und B_2)
		B_1	B_2	B_1	B_2	
Frühstückscerealien und Snacks auf Maisbasis	14	2	0	0	0	800
Getreidebeikost und andere Beikost auf Maisbasis für Säuglinge und Kleinkinder	13	0	0	0	0	200

Tab. 1.14-5 Anzahl der auf *T-2- und HT-2-Toxin* im Jahr 2010 untersuchten Lebensmittelproben aus verschiedenen Warengruppen sowie Anzahl der positiven Proben (Gesamtanzahl der auf HT-2-Toxin untersuchten Proben: 34).

Warengruppe	Gesamtanzahl der Proben	Anzahl positiver Proben		Max. Menge [µg/kg]	
		T-2	HT-2	T-2	HT-2
Zum unmittelbaren menschlichen Verbrauch bestimmte Getreide, Getreidemehl, als Enderzeugnis für den unmittelbaren menschlichen Verzehr vermarktete Kleie und Keime	1	1	0	1,6	–
Unverarbeitetes Getreide außer Hafer	33	0	3	–	2,0

Höchstmenge für das jeweilige Mykotoxin und die jeweilige Warengruppe festgelegt ist, wird zudem die Anzahl der positiven Proben angegeben, welche diesen Höchstwert überschreiten. Grundsätzlich ist dabei festzustellen, dass in einem nicht unerheblichen Anteil der Proben das jeweilige Mykotoxin nachgewiesen werden konnte. Bei Analysen auf DON waren 48,5 % der Proben positiv, auf Zearalenon 7,3 %, auf Fumonisin B_1 7,4 % und Fumonisin B_2 0 %, auf HT-2-Toxin 8,8 % und auf T-2-Toxin 2,9 %. Es ist allerdings auch festzustellen, dass sich die jeweiligen Gehalte an Mykotoxinen der meisten Proben auf sehr geringem Niveau befinden. Der Anteil der Proben, deren Mykotoxingehalt tatsächlich die festgelegte Höchstmenge überschreitet, ist wie im Vorjahr sehr gering. Je einmal wurde der Höchstgehalt für DON und Zearalenon überschritten. Hinsichtlich der Fumonisine B_1 und B_2 lagen alle Proben unterhalb des Höchstwertes. Für das HT-2-Toxin bzw. das T-2-Toxin wurden noch keine Höchstmengen festgelegt.

1.15

Bericht über den Gehalt an Nitrat in Spinat, Salat, Rucola und anderen Salaten

Nitrat kommt natürlich im Boden vor und wird von den Pflanzen als Nährstoff benötigt. In der Landwirtschaft wird es als Dünger eingesetzt. Durch Überdüngung kann der Nitratgehalt einer Pflanze sehr hoch sein. Weitere Einflussfaktoren auf den Nitratgehalt einer Pflanze sind Pflanzenart, klimatische und geographische Bedingungen sowie der Erntezeitpunkt. In der Regel sind in den lichtärmeren Monaten die Nitratgehalte höher, da in diesen das Nitrat unvollständig abgebaut wird und sich in der Pflanze anreichert. Im Körper kann Nitrat zum Nitrit reduziert werden, aus dem durch Reaktion mit Eiweißstoffen Nitrosamine gebildet werden können, die nachweislich kanzerogene Eigenschaften besitzen[50].

1.15.1 Anlass der Kontrolle und Rechtsgrundlage

In den Erwägungsgründen zur Verordnung (EG) Nr. 1881/2006[51] wird zu dieser Thematik ausgeführt, dass Gemüse die Hauptquelle für die Aufnahme von Nitraten durch den Menschen ist. Es wird auf eine Stellungnahme des Wissenschaftlichen Lebensmittelausschusses (SCF) zu Nitrat und Nitrit von 1995[52] Bezug genommen, in der festgestellt wurde, dass die Gesamtaufnahme an Nitraten normalerweise deutlich unter der duldbaren täglichen Aufnahme liegt; gleichwohl wurde empfohlen, die Bemühungen zur Reduzierung der Nitratexposition aufgrund einer möglichen Entstehung von Nitriten und N-Nitrosoverbindungen durch Lebensmittel und Wasser fortzusetzen. Daher sollen die Mitgliedstaaten den Nitratgehalt von Gemüse, insbesondere von grünem Blattgemüse, überwachen und die Ergebnisse jährlich der Kommission mitteilen. Höchstgehalte gelten gemäß der Verordnung (EG) Nr. 1881/2006 für Nitrat in Spinat und Salat sowie in Getreidebeikost und anderer Beikost für Säuglinge und Kleinkinder. Die Höchstgehalte für frischen Spinat und frischen Salat berücksichtigen die Abhängigkeit des Nitratgehaltes vom Erntezeitpunkt (Winter/Sommer) und der Anbauart (Freiland bzw. unter Glas/Folie).

[50] BfR (Bundesinstitut für Risikobewertung), 2009, Aktualisierte Stellungnahme Nr. 032/2009 zu Nitrat in Rucola, Spinat und Salat, http://www.bfr.bund.de/cm/343/nitrat_in_rucola_spinat_und_salat.pdf (aufgerufen am 31. Oktober 2011).

[51] Verordnung (EG) Nr. 1881/2006 der Kommission vom 19. Dezember 2006 zur Festsetzung der Höchstgehalte für bestimmte Kontaminanten in Lebensmitteln.

[52] EC (European Commission), 1995, Opinion of the Scientific Committee for food on Nitrates and Nitrite, Reports of the SCF 38, S. 1–35, http://ec.europa.eu/food/fs/sc/scf/reports/scf_reports_38.pdf (aufgerufen am 31. Oktober 2011).

1.15.2 Ergebnisse

Für das Berichtsjahr 2010 wurden verschiedene Gemüsepflanzen (Spinat, Kopfsalat, Eisbergsalat, Rucola, Feldsalat, Kartoffel, Rote Beete, Kohlrabi, Radieschen, Karotte, Mangold, Petersilie, Spargel, Zucchini und Weißkohl) aus in- und ausländischem Anbau auf ihren Nitratgehalt untersucht. Im Folgenden werden die Ergebnisse für Spinat, Kopfsalat und Rucola dargestellt. Die anderen Gemüsepflanzen wiesen nur geringe Nitratgehalte auf bzw. es wurden nur wenige Proben analysiert.

Vor einer Bewertung der Daten zum Nitratgehalt ist hervorzuheben, dass die Probenzahl pro Monat im Verlauf des Jahres teilweise sehr unterschiedlich war. So wurden für Spinat 25 Proben im Mai, aber nur 2 Proben im Februar untersucht, für Kopfsalat 64 Proben im Juni und 12 Proben im Dezember und für Rucola 25 Proben im Juli und keine Proben im November und Dezember. Dadurch sind nur bedingt Schlussfolgerungen zu ziehen.

Im Jahr 2010 wurden 100 Proben frischer Spinat untersucht. Davon wiesen 6 Proben (6 %) eine Überschreitung der Höchstwerte auf (vgl. Tab. 1.15-1). Bei den untersuchten Proben ergibt sich der Trend, dass der Nitratgehalt in den Wintermonaten tendenziell höher war als in den Sommermonaten.

Hinsichtlich des Nitratgehaltes in frischem Salat wurden insgesamt 420 Proben analysiert. Bei 27 Proben handelte es sich um Freilandsalat, bei 66 Proben um unter Glas/Folie angebauten Salat und bei 327 Proben waren die Wachstumsbedingungen unbekannt. Wie in Tab. 1.15-1 dargestellt ist, wurden die Höchstgehalte für im Freiland und unter Glas/Folie angebauten Kopfsalat in keinem Fall überschritten. Für die Proben unbekannter Wachstumsbedingungen gelten nach Verordnung (EG) Nr. 1881/2006 die für im Freiland angebauten Salat festgelegten Höchstgehalte, da die Proben nicht als unter Glas/Folie angebaut gekennzeichnet wurden. Die Höchstgehalte wurden in 29 Fällen überschritten.

Werden die Ergebnisse aller Salatproben zusammengefasst, ergibt sich der Trend, dass der Nitratgehalt in den Wintermonaten tendenziell höher als in den Sommermona-

Tab. 1.15-1 Ergebnisse zu Nitrat in frischem Spinat und frischem Salat (unter Glas/Folie angebauter Salat und Freilandsalat) im Jahr 2010.

Lebensmittel	Erntezeit	Höchstgehalt [mg NO$_3$/kg]	Probenanzahl	< Höchstgehalt		> Höchstgehalt	
				Anzahl	%	Anzahl	%
Frischer Spinat	Apr.–Sept.	2.500	60	56	93,3	4	6,7
	Okt.–Mrz.	3.000	40	38	95,0	2	5,0
Frischer Salat, unter Glas/Folie angebaut	Apr.–Sept.	3.500	19	19	100	0	0
	Okt.–Mrz.	4.500	47	47	100	0	0
Frischer Salat, im Freiland angebaut	Apr.–Sept.	2.500	24	24	100	0	0
	Okt.–Mrz.	4.000	3	3	100	0	0
Frischer Salat, unbekannte Wachstumsbedingungen*	Apr.–Sept.	2.500	215	194	90,2	21	9,8
	Okt.–Mrz.	4.000	112	104	92,9	8	7,1

* Nach Verordnung (EG) Nr. 1881/2006 gelten die für im Freiland angebauten Salat festgelegten Höchstgehalte, wenn unter Glas/Folie angebauter Salat nicht als solcher gekennzeichnet ist.

Abb. 1.15-1 Nitratgehalt von frischem Salat im Jahr 2010, angebaut unter Glas/Folie, im Freiland und unter unbekannten Wachstumsbedingungen (Darstellung der Anzahl der untersuchten Proben in 8 Nitratklassen im Bereich von ≤ 2.000 mg/kg bis > 4.500 mg/kg in den unterschiedlichen Quartalen).

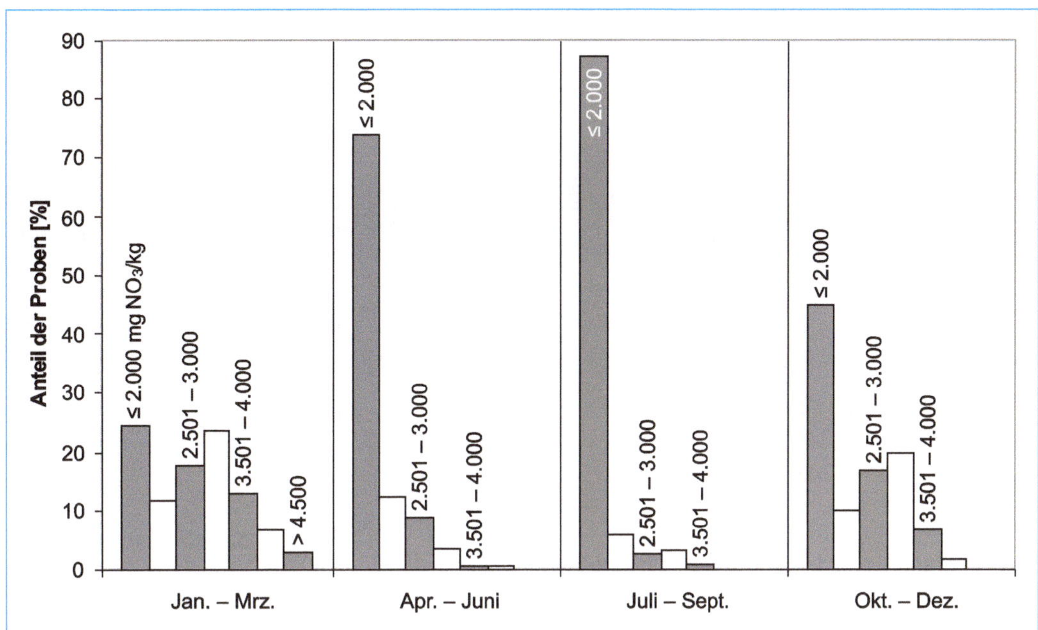

Tab. 1.15-2 Ergebnisse zu Nitrat in Rucola nach Jahreszeiten im Jahr 2010.

Erntezeit	Probenanzahl	< 4.000 mg NO$_3$/kg		4.000–8.000 mg NO$_3$/kg	
		Anzahl	%	Anzahl	%
Apr.–Sept.	51	23	45,1	28	54,9
Okt.–Mrz.	27	5	18,5	22	81,5

ten war. Wie in Abb. 1.15-1 gezeigt ist, lag der Nitratgehalt der Mehrzahl der Proben während der Sommermonate unterhalb von 2.000 mg/kg, wohingegen in den Wintermonaten im Verhältnis eindeutig mehr Proben auch in den höheren Konzentrationsbereichen vertreten waren.

Im Berichtsjahr 2010 wurden zudem 78 Rucolaproben untersucht. Ein Grenzwert für Nitrat in Rucola wurde noch nicht festgesetzt. Wie auch in den Vorjahren war die Nitratbelastung für Rucola wesentlich höher als für Spinat und Kopfsalat (vgl. Tab. 1.15-2). In den Sommermonaten lagen 28 von 51 Proben (54,9 %) im Bereich 4.000–8.000 mg/kg. In den Wintermonaten lagen 22 von 27 Proben (81,5 %) in diesem Bereich, sodass wiederum der Trend eines höheren Nitratgehaltes in den Wintermonaten festzustellen ist. Die hohen Nitratbefunde in Rucola weisen auf die Notwendigkeit der Festsetzung eines Höchstgehaltes auf EU-Ebene hin.

1.16

Bericht über die Überprüfung des Ethylcarbamatgehalts in Steinobstbränden und Steinobsttrestern

Ethylcarbamat kommt in fermentierten Lebensmitteln und alkoholischen Getränken vor, insbesondere in Steinobstbränden und Steinobsttrestern. Wichtigste Vorstufe von Ethylcarbamat sind Blausäure und ihre Salze. Sie werden aus Blausäureglykosiden freigesetzt, die in den Steinen der Früchte enthalten sind. In einer lichtinduzierten Reaktion erfolgt anschließend die Umsetzung der Vorstufen mit Ethanol zu Ethylcarbamat[53].

1.16.1 Anlass der Kontrolle und Rechtsgrundlage

In den Erwägungsgründen der Empfehlung der Kommission 2010/133/EU vom 2. März 2010[54] wird auf ein wissenschaftliches Gutachten des Gremiums für Kontaminanten der Europäischen Behörde für Lebensmittelsicherheit (EFSA)[55] Bezug genommen. Darin wird festgestellt, dass Ethylcarbamat in alkoholischen Getränken, vor allem in Steinobstbränden, gesundheitlich bedenklich ist und Maßnahmen ergriffen werden sollten, um die Ethylcarbamatkonzentrationen zu senken. Dem Gutachten zufolge werden Ethylcarbamat beim Tier genotoxische Eigenschaften zugeschrieben und die Verbindung wird als Multisite-Kanzerogen eingestuft. Auch beim Menschen ist sie wahrscheinlich kanzerogen.

Im Anhang der Empfehlung ist daher ein Verhaltenskodex zur Prävention und Reduzierung des Ethylcarbamatgehalts in Steinobstbränden und Steinobsttrestern enthalten. Um zu bewerten, wie sich dieser Verhaltenskodex auswirkt, überwa-

---

[53] BfR (Bundesinstitut für Risikobewertung), 2005, Maßnahmen zur Reduzierung von Ethylcarbamat in Steinobstbränden, http://www.bfr.bund.de/cm/350/massnahmen_zur_reduzierung_von_ethylcarbamat_in_steinobstbraenden.pdf (aufgerufen am 31. Oktober 2011).

[54] Empfehlung der Kommission vom 2. März 2010 zur Prävention und Reduzierung von Ethylcarbamat in Steinobstbränden und Steinobsttrestern und zur Überwachung des Ethylcarbamatgehalts in diesen Getränken (2010/133/EU).

[55] EFSA (Europäische Behörde für Lebensmittelsicherheit), 2007, Gutachten des Wissenschaftlichen Gremiums für Kontaminanten in der Lebensmittelkette zu Ethylcarbamat und Blausäure in Lebensmitteln und Getränken, The EFSA Journal (2007) Nr. 551, S. 1–44, http://www.efsa.europa.eu/de/efsajournal/doc/551.pdf (aufgerufen am 31. Oktober 2011).

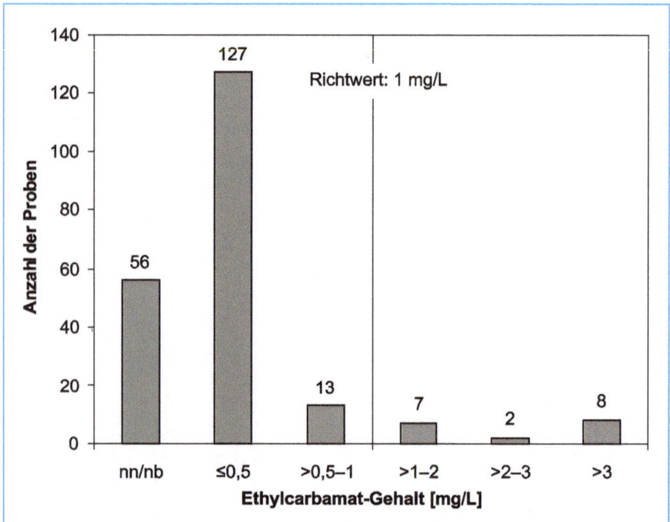

Abb. 1.16-1 Ergebnisse der Untersuchung von Steinobstbränden und Steinobsttrestern auf Ethylcarbamat im Jahr 2010 (Richtwert: 1 mg/L) (nn: nicht nachweisbar; nb: nicht bestimmbar).

chen die Mitgliedstaaten den Ethylcarbamatgehalt in Steinobstbränden und Steinobsttrestern in den Jahren 2010, 2011 und 2012 und übermitteln die Daten der EFSA. Als Zielwert wird 1 mg/L in trinkfertigen Spirituosen angestrebt.

1.16.2 Ergebnisse

In Abb. 1.16-1 sind die Untersuchungsergebnisse für das Berichtsjahr 2010 dargestellt. Es wurden insgesamt 213 Proben von Steinobstbränden untersucht. In 157 Proben (74 %) lag der Ethylcarbamatgehalt oberhalb der Bestimmungsgrenze und wurde quantifiziert, in 56 Proben lag der Ethylcarbamatgehalt unterhalb der Nachweis- oder Bestimmungsgrenze.

Der Zielwert von 1 mg/L wurde bei 17 Proben, d. h. bei 8 % der Gesamtproben, überschritten. Dabei betrug der Ethylcarbamatgehalt bei 7 Proben zwischen 1 und 2 mg/L und bei 2 Proben zwischen 2 und 3 mg/L. 8 Proben lagen im Bereich über 3 mg/L, wobei der Maximalwert 4,88 mg/L betrug.

1.17
Bericht über Furan-Monitoring in Lebensmitteln

1.17.1 Anlass der Kontrolle und Rechtsgrundlage

Furan wird bei der Erhitzung von Lebensmitteln aus natürlichen Inhaltsstoffen gebildet. Es erwies sich als kanzerogen im Tierversuch und wurde von der Internationalen Agentur für Krebsforschung (IARC) als „möglicherweise kanzerogen" für den Menschen eingestuft[56].

Gemäß den Erwägungsgründen der Empfehlung 2007/196/EG[57] veröffentlichte die *US Food and Drug Administration* (FDA) im Mai 2004 einen Bericht[58] zum Vorkommen von Furan in hitzebehandelten Lebensmitteln, z. B. Babynahrung, Kaffee, Suppen und Soßen und Lebensmitteln in Dosen und Gläsern. Das Wissenschaftliche Gremium für Kontaminanten in der Lebensmittelkette der Europäischen Behörde für Lebensmittelsicherheit (EFSA) kam daraufhin in einer wissenschaftlichen Stellungnahme[59] zu dem Schluss, dass für eine zuverlässige Risikobewertung weitere Daten zur Toxizität und zur menschlichen Exposition erforderlich sind. Somit wurden die Mitgliedstaaten seitens der EU mittels Empfehlung 2007/196/EG aufgefordert, ein Monitoring zum Vorkommen von Furan in hitzebehandelten Lebensmitteln durchzuführen und die Daten regelmäßig der EFSA zur Verfügung zu stellen.

1.17.2 Ergebnisse

Im Berichtszeitraum 2010 wurden bundesweit insgesamt 131 Lebensmittelproben auf Furanrückstände getestet. Dabei handelte es sich um 66 Proben Kaffee (davon 63 Proben gerösteter) und 65 Proben Säuglings- und Kleinkindernahrung.

Bei den gerösteten Kaffeeproben lagen die gemessenen Furanwerte zwischen 1.129 µg/kg und 6.588 µg/kg (Mittelwert: 3.307 µg/kg, Standardabweichung: 1.390 µg/kg). Bei den Proben von Säuglings- und Kleinkindernahrung wurden Werte zwischen „nicht nachweisbar" und 201 µg/kg gemessen (Mittelwert: 65 µg/kg, Standardabweichung: 45 µg/kg).

1.17.3 Ergebnisse des Furan-Monitorings auf EU-Ebene 2004–2010

Die EFSA veröffentlichte 2011 einen wissenschaftlichen Bericht[60] über die Ergebnisse des Furan-Monitorings in Lebensmitteln auf EU-Ebene von 2004–2010. Dieser enthält 5.050 Analysenergebnisse aus den Mitgliedstaaten, davon 2.031 (ca. 40 %) aus Deutschland. Die höchsten Furanwerte wurden in Kaffee gefunden, wobei die Mittelwerte zwischen 45 µg/kg für Brühkaffee und 3.660 µg/kg für geröstete Kaffeebohnen variierten. In weiteren Lebensmittelgruppen wurden Mittelwerte zwischen 3,2 µg/kg in Milchnahrung für Säuglinge und 32 µg/kg in Säuglings- und Kleinkindernahrung gefunden.

---

[56] WHO, 1995, Furan, in: IARC Monographs on the Evaluation of Carcinogenic Risks to Humans, Dry Cleaning, Some Chlorinated Solvents and Other Industrial Chemicals 63, S. 393–407.

[57] Empfehlung der Kommission vom 28. März 2007 über ein Monitoring zum Vorkommen von Furan in Lebensmitteln (2007/196/EG).

[58] FDA (US Food and Drug Administration), 2004, Exploratory Data on Furan in Food, http://www.fda.gov/ohrms/dockets/ac/04/briefing/4045b2_09_furan%20data.pdf (aufgerufen am 28. Oktober 2011).

[59] EFSA (Europäische Behörde für Lebensmittelsicherheit), 2004, Report of the scientific Panel of Contaminants in the Food Chain on provisional findings on furan in food, The EFSA Journal (2004) 137, S. 1–20, http://www.efsa.europa.eu/de/efsajournal/doc/137.pdf (aufgerufen am 31. Oktober 2011).

[60] EFSA (Europäische Behörde für Lebensmittelsicherheit), 2011, Update on furan levels in food from monitoring years 2004–2010 and exposure assessment. The EFSA Journal (2011) 2347, S. 1–33, http://www.efsa.europa.eu/de/efsajournal/doc/2347.pdf (aufgerufen am 31. Oktober 2011).

Bericht über die Ergebnisse der Lebensmittel-Kontrollen gemäß Bestrahlungsverordnung

1.18.1 Anlass der Kontrolle und Rechtsgrundlage

Grundsätzlich können Lebensmittel mit ionisierenden Strahlen behandelt werden, (a) um ihre Haltbarkeit zu erhöhen, (b) um die Anzahl unerwünschter Mikroorganismen zu verringern oder diese abzutöten, (c) zur Entwesung von Insekten oder (d) um eine vorzeitige Reifung, Sprossung oder Keimung von pflanzlichen Lebensmitteln zu verhindern. Gemäß der Rahmenrichtlinie 1999/2/EG[61] kann die Behandlung eines Lebensmittels mit ionisierender Strahlung zugelassen werden, wenn sie (i) technologisch sinnvoll und notwendig ist, (ii) gesundheitlich unbedenklich ist, (iii) für den Verbraucher nützlich ist und (iv) nicht als Ersatz für Hygiene- und Gesundheitsmaßnahmen, gute Herstellungs- oder landwirtschaftliche Praktiken eingesetzt wird. Die Bestrahlung der Lebensmittel erfolgt in speziellen, dafür zugelassenen Anlagen und alle Lebensmittel, die als solche bestrahlt worden sind oder bestrahlte Bestandteile enthalten, müssen gekennzeichnet sein.

In allen EU-Mitgliedstaaten sind nach der Durchführungsrichtlinie 1993/3/EG[62] getrocknete aromatische Kräuter und Gewürze zur Bestrahlung zugelassen. Die Richtlinien 1999/2/EG und 1999/3/EG sind in Deutschland in der Lebensmittelbestrahlungsverordnung[63] umgesetzt. Bis zur Einigung auf eine endgültige Positivliste dürfen in einigen EU-Mitgliedstaaten in Übereinstimmung mit der Richtlinie 1999/2/EG darüber hinaus noch andere bestrahlte Lebensmittel in Verkehr gebracht werden, so unter anderem in

– Großbritannien: z. B. Fische, Geflügel, Getreide und Obst
– den Niederlanden: z. B. Hülsenfrüchte, Hühnerfleisch, Garnelen und tiefgefrorene Froschschenkel
– Frankreich: z. B. Reismehl, tiefgefrorene Gewürzkräuter, Getreideflocken und Eiklar
– Belgien: z. B. Erdbeeren, Gemüse und Knoblauch
– Italien: z. B. Kartoffeln und Zwiebeln

In Deutschland dürfen neben getrockneten Kräutern und Gewürzen aufgrund einer Allgemeinverfügung[64] auch bestrahlte Froschschenkel angeboten werden.

Gemäß der Richtlinie 1999/2/EG sollen alle EU-Mitgliedstaaten der Kommission jährlich über die Ergebnisse ihrer Kontrollen berichten, die in den Bestrahlungsanlagen durchgeführt wurden (insbesondere über Gruppen und Mengen der behandelten Erzeugnisse sowie den verabreichten Dosen) und die auf der Stufe des Inverkehrbringens durchgeführt wurden. Auch soll über die zum Nachweis der Bestrahlung angewandten Methoden berichtet werden.

1.18.2 Ergebnisse

Im Jahr 2010 wurden insgesamt 3.257 untersuchte Proben gemeldet und damit 88 Proben (ca. 3 %) mehr als im Vorjahr. Die Ergebnisse sind in Tab. 1.18-1 dargestellt. Eine Bestrahlung wurde bei 61 Proben nachgewiesen, von diesen waren 36 Proben, d. h. 1,1 % der Gesamtprobenzahl, zu beanstanden. **Grund für die Beanstandungen** war, dass 6 Proben zwar zulässig bestrahlt, aber nicht ordnungsgemäß gekennzeichnet waren. 21 Proben wurden nicht zulässig bestrahlt und bei 9 bestrahlten Proben konnte nicht abschließend geklärt werden, ob die Bestrahlung zulässig gewesen war. Ein Grund dafür ist die eingeschränkte Aussagekraft der CEN-Methode EN 1788. Diese ermöglicht keine Aussage darüber, ob bei zusammengesetzten Produkten, wie Instant-Nudelgerichten oder Trockensuppen, nur die getrockneten Kräuter und Gewürze bestrahlt wurden oder das gesamte Produkt.

In Abb. 1.18-1 wird die Häufigkeit der Beanstandungsgründe von 2005 bis 2010 verglichen. Es ist der Trend festzustellen, dass im Verlauf der Jahre, ausgenommen 2008, eine nicht ordnungsgemäße Kennzeichnung im Verhältnis zu einer nicht zulässigen Bestrahlung bzw. nicht geklärter Zulassung deutlich abgenommen hat.

In 2010 wurde die größte Anzahl an Beanstandungen in den **Produktgruppen** Nahrungsergänzungsmittel (9 Proben), Suppen/Saucen (7 Proben), Fisch/Fischerzeugnissen (6 Proben) sowie getrockneten Kräutern und Gewürzen (5 Proben) gefunden, wie in Abb. 1.18-2 dargestellt ist. Nicht zulässig bestrahlt waren dabei am häufigsten Nahrungsergänzungsmittel (8 Proben), Fisch/Fischerzeugnisse (6 Proben) und Tee/teeähnliche Erzeugnisse (3 Proben). Die Zulässigkeit der Bestrahlung konnte insbesondere in den Produktgruppen der Suppen und Saucen und den getrockneten Kräutern und Gewürzen (jeweils 4 Proben) nicht geklärt werden. Proben, die nicht ordnungsgemäß gekennzeichnet waren, wurden in den Produktgruppen Suppen und Saucen (2 Proben), sowie Nahrungsergänzungsmittel, Krusten-/Schalentiere, Kakao und getrocknete Kräuter und Gewürze (jeweils eine Probe) gefunden.

Hinsichtlich der Überprüfung von **Bestrahlungsanlagen** nach Richtlinie 1999/2/EG liegen für 2010 zwei Kontrollberichte vor (Fa. Gamma Service Produktbestrahlung, Radeberg, und Fa. Isotron Deutschland GmbH, Allershausen). Die Bestrahlungsanlage der Firma Beta-Gamma Service in Wiehl wurde im Berichtsjahr keiner Überprüfung unterzogen. In der Anlage der Firma Beta-Gamma-Service in Bruchsal wurden 2010 keine Lebensmittel bestrahlt.

Die durchschnittliche absorbierte Dosis wurde für bestrahlte Lebensmittel mit Bestimmung für die EU mit < 10 kGy angegeben. Insgesamt wurden in Deutschland ca. 348 t Lebensmittel bestrahlt, davon waren ca. 127 t für die EU bestimmt. Im Vergleich zum Vorjahr nahm die Menge der bestrahlten Lebensmittel mit Bestimmung für die EU um etwa ein Drittel zu.

---

[61] Richtlinie 1999/2/EG des Europäischen Parlaments und des Rates vom 22. 02. 1999 zur Angleichung der Rechtsvorschriften der Mitgliedsstaaten über mit ionisierenden Strahlen behandelte Lebensmittel.

[62] Richtlinie 1999/3/EG des Europäischen Parlaments und des Rates vom 22. 02. 1999 über die Festlegung einer Gemeinschaftsliste von mit ionisierenden Strahlen behandelten Lebensmitteln und Lebensmittelbestandteilen.

[63] Verordnung über die Behandlung von Lebensmitteln mit Elektronen-, Gamma- und Röntgenstrahlen, Neutronen und ultravioletten Strahlen (Lebensmittelbestrahlungsverordnung – LMBestrV) vom 14. 12. 2000 (BGBl. I 2000, S. 1730).

[64] Bekanntmachung einer Allgemeinverfügung gemäß § 54 des Lebensmittel- und Futtermittelgesetzbuches (LFGB) über das Verbringen und Inverkehrbringen von tiefgefrorenen, mit ionisierenden Strahlen behandelten Froschschenkeln (BAnz Nr. 1156, S. 4665).

Tab. 1.18-1 Ergebnisse der Kontrollen von Proben aus verschiedenen Lebensmittelgruppen auf der Stufe des Inverkehrbringens auf Behandlung mit ionisierenden Strahlen im Jahr 2010.

	Probenanzahl	Nicht bestrahlt	Bestrahlt (Bestrahlung zulässig), ordnungsgemäß gekennzeichnet	Bestrahlt (Bestrahlung zulässig), nicht ordnungsgemäß gekennzeichnet	Bestrahlt, Zulässigkeit der Bestrahlung nicht geklärt	Bestrahlt (Bestrahlung nicht zulässig)
Milcherzeugnisse	8	8				
Käse, Käsezubereitungen mit Kräutern/Gewürze	27	27				
Käse, Käsezubereitungen ohne Kräutern/Gewürze	17	17				
Kräuterbutter	6	6				
Eier- und Eiprodukte	37	37				
Fleisch (außer Geflügel, Wild)	3	3				
Geflügel	66	66				
Wild	0	0				
Fleischerzeugnisse (außer Wurstwaren)	65	65				
Wurstwaren	24	24				
Fisch und Fischerzeugnisse	95	89				6
Krustentiere, Schalentiere und sonstige Wassertiere sowie deren Erzeugnisse	102	89	11	1		1
Suppen, Saucen, einschließlich Instantnudelsuppen – und gerichte	180	159	14	2	4	1
Getreide und Getreideerzeugnisse	57	56			1	
Hülsenfrüchte, Ölsamen, Schalenobst	33	33				
Kartoffeln und Teile von Pflanzen mit hohem Stärkegehalt	66	66				
Gemüse, frisch	28	28				
Gemüse, getrocknet u. a. Gemüseerzeugnisse	23	23				
Pilze, frisch	34	34				
Pilze, getrocknet u. a. Pilzerzeugnisse	114	114				
Obst, frisch	71	71				
Obst, getrocknet u. a. Obsterzeugnisse	3	2				1
Kakao	60	59		1		
Kaffee	7	7				
Tee, teeähnliche Erzeugnisse	229	226				3
Fertiggerichte	27	27				
Nahrungsergänzungsmittel	356	347		1		8
Würzmittel	272	272				
Kräuter, Gewürze getrocknet	1.214	1.209		1	4	
Sonstiges	32	32				
Enzyme	1	0				1
Summe	**3.257**	**3.196**	**25**	**6**	**9**	**21**

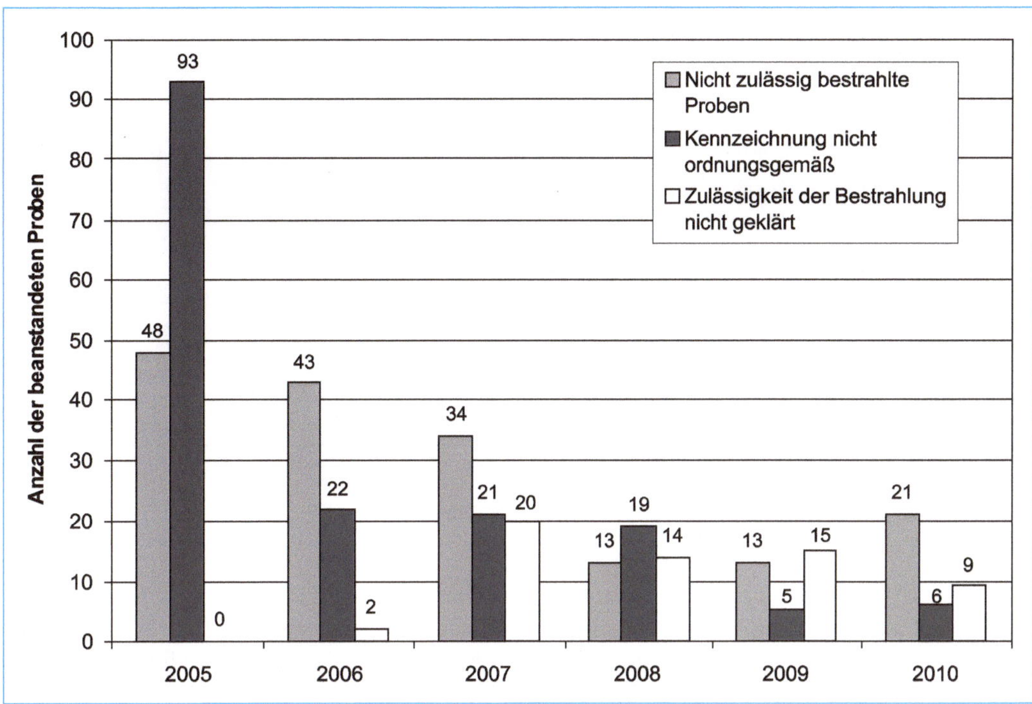

Abb. 1.18-1 Vergleich der Art der Beanstandung in Proben, die auf eine Behandlung mit ionisierenden Strahlen auf der Stufe des Inverkehrbringens kontrolliert wurden, im Zeitraum 2005–2010.

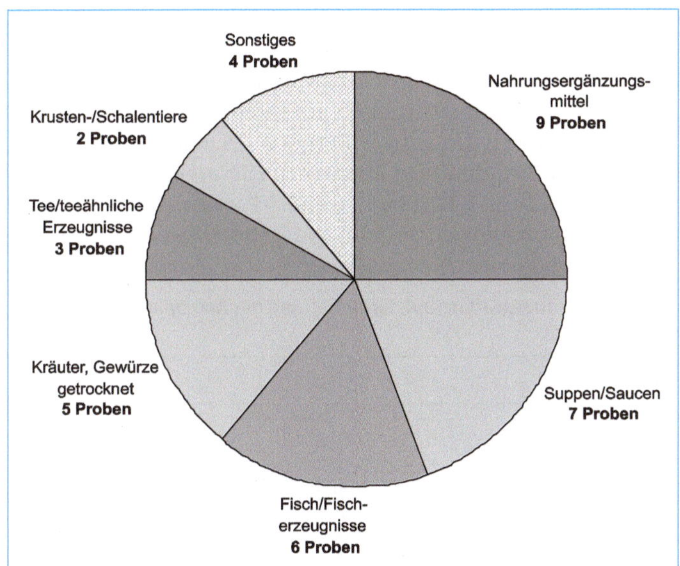

Abb. 1.18-2 Anzahl beanstandeter Proben, die auf eine Behandlung mit ionisierenden Strahlen auf der Stufe des Inverkehrbringens kontrolliert wurden, nach verschiedenen Lebensmittelgruppen für das Jahr 2010.

1.18.3   *Ergebnisse aus den Berichten der EU-Kommission der Jahre 2005–2008*

Die Berichte der einzelnen Mitgliedstaaten über die Bestrahlung von Lebensmitteln werden jährlich zusammengefasst[65]. In Tab. 1.18-2 sind die Ergebnisse der Jahre 2005–2008 darge-stellt. Insgesamt war die Menge bestrahlter Lebensmittel im Jahr 2006 (15.058 t) deutlich höher als in den Jahren 2007 und 2008 (8.154 t bzw. 8.718 t). Der Anteil der EU-Mitgliedstaaten, die Kontrollen durchführten, ist leicht angestiegen. Deutsch-land führte in allen Berichtsjahren mehr als die Hälfte der Kon-trollen durch.

1.19

Bericht über die Kontrolle von Lebensmitteln aus Drittländern nach dem Unfall im Kraftwerk Tschernobyl

1.19.1   *Anlass der Kontrolle und Rechtsgrundlage*

Durch den Unfall im Kernkraftwerk von Tschernobyl am 26. April 1986 wurden beträchtliche Mengen radioaktiver Elemen-te freigesetzt und verbreiteten sich in der Atmosphäre. Um die Gesundheit des Verbrauchers zu schützen und gleichzeitig den Handel zwischen der EU und den betroffenen Drittländern nicht ungebührend zu beeinträchtigen, wurden gemäß den Erwägungsgründen der Verordnung (EWG) Nr. 737/90[66] Ra-dioaktivitätshöchstwerte für landwirtschaftliche Erzeugnisse mit Ursprung in Drittländern festgelegt. Die Mitgliedstaaten haben die Einhaltung der Höchstwerte zu kontrollieren und die Ergebnisse der Kommission mitzuteilen.

Die Verordnung (EWG) Nr. 737/90 wurde durch die Verord-nung (EG) Nr. 733/2008[67] kodifiziert. Letztere wäre 2010 außer Kraft getreten. Da aber die Überschreitung von Höchstgren-

---

[65] Europäische Kommission, Jährliche Berichte über die Bestrahlung von Lebens-mitteln, http://ec.europa.eu/food/food/biosafety/irradiation/index_de.htm (aufgerufen am 31. Oktober 2011).

[66] Verordnung (EWG) Nr. 737/90 des Rates vom 22. März 1990 über die Einfuhrbe-dingungen für landwirtschaftliche Erzeugnisse mit Ursprung in Drittländern nach dem Unfall im Kernkraftwerk Tschernobyl.

[67] Verordnung (EG) Nr. 733/2008 des Rates vom 15. Juli 2008 über die Einfuhrbe-dingungen für landwirtschaftliche Erzeugnisse mit Ursprung in Drittländern nach dem Unfall im Kernkraftwerk Tschernobyl (kodifizierte Fassung).

	2005	2006	2007	2008
Anzahl Bestrahlungsanlagen	21 (10 MS)	21 (10 MS)	22 (11 MS)	23 (12 MS)
Menge bestrahlter Lebensmittel	?*	15.058 t	8.154 t	8.718 t
Anzahl Mitgliedstaaten, die Kontrollen durchgeführt haben	18 (von 25)	18 (von 25)	21 (von 27)	24 (von 27)
Gesamtanzahl Lebensmittelproben	7.105	6.386	6.463	6.220
Vorschriftsgemäß	6.824 (96,0 %)	6.175 (96,7 %)	6.176 (95,6 %)	6.004 (96,5 %)
Nicht vorschriftsgemäß	281 (4,0 %)	211 (3,3 %)	203 (3,1 %)	142 (2,3 %)
Nicht eindeutig**			84 (1,3 %)	74 (1,2 %)

Tab. 1.18-2 Vergleich der Berichtsjahre 2005–2008 hinsichtlich der Bestrahlung von Lebensmitteln in der EU (Die von der Kommission zusammengefassten Berichte für 2009 und 2010 lagen bei Redaktionsschluss noch nicht vor).

* Wegen unzureichender Datenlage konnte die Menge an bestrahlten Lebensmitteln für das Jahr 2005 nicht angegeben werden.

** Nicht eindeutige Proben wurden erst ab 2007 im EU-Bericht aufgeführt.

MS Mitgliedstaat

zen weiterhin nachzuweisen war und die Halbwertszeit von 30 Jahren von Cäsium-137 wissenschaftlich belegt ist, wurde die Geltungsdauer der Verordnung (EG) Nr. 733/2008 durch die Verordnung (EG) Nr. 1048/2009[68] um 10 Jahre bis zum 31. März 2020 verlängert.

Als Höchstwerte für die maximale kumulierte Radioaktivität von Cäsium 134 und 137 sind 370 Bq/kg für Milch und Milcherzeugnisse sowie für bestimmte Kleinkindernahrung sowie 600 Bq/kg für alle anderen betroffenen Erzeugnisse festgelegt.

1.19.2 Ergebnisse

Im Berichtsjahr 2010 wurden von den Bundesländern insgesamt 1.004 Lebensmittelproben auf radioaktive Belastung untersucht. Davon wurde mit 751 Proben (74,8 %) ein Großteil im Bundesland Brandenburg analysiert. Die meisten Proben kamen aus Belarus (564 Proben), weitere Proben aus der Ukraine (98 Proben) und der Russischen Föderation (88 Proben). In kei-

[68] Verordnung (EG) Nr. 1048/2009 des Rates vom 23. Oktober 2009 zur Änderung der Verordnung (EG) Nr. 733/2008 über die Einfuhrbedingungen für landwirtschaftliche Erzeugnisse mit Ursprung in Drittländern nach dem Unfall im Kernkraftwerk Tschernobyl.

Tab. 1.19-1 Anzahl und Herkunft der Proben aus verschiedenen Lebensmittelgruppen zur Überprüfung auf die Einhaltung der Radioaktivitätshöchstwerte für das Berichtsjahr 2010 (Höchstwertüberschreitung in keiner Probe nachgewiesen).

Bundesland	Anzahl der Proben	Herkunft der Proben													
		Keine Angabe	Belarus	Island	Kirgisien	Kasachstan	Norwegen	Russische Föderation	Schweiz	Türkei	Ukraine	unbekannt	Litauen	Polen	Tschechien
Bayern	16	16													
Brandenburg	751		564		2			80			98		7		
Bremen	18	9										9			
Hamburg	16			1			1	5	1	8					
Mecklenburg-Vorpommern	19		2									1	12	4	
Niedersachsen	17			2		1	4	3	2	4					1
Nordrhein-Westfalen	74	74													
Rheinland-Pfalz	54	54													
Thüringen	39	39													
Gesamt	**1.004**	**192**	**566**	**3**	**2**	**1**	**5**	**88**	**3**	**12**	**98**	**10**	**19**	**4**	**1**

ner der Proben kam es zu einer Überschreitung der zulässigen Höchstwerte für die maximale kumulierte Radioaktivität von Cäsium 134 und 137 (vgl. Tab. 1.19-1).

In Abb. 1.19-1 werden die Probenanzahl und die Zahl der Höchstwertüberschreitungen in den Berichtsjahren 2005–2010 verglichen. Es ist festzustellen, dass die Probenanzahl stark variiert (von 186 Proben im Jahr 2008 bis zu 1.431 Proben im Jahr 2009). Dabei gab es durchweg eine geringe Anzahl oder keine Beanstandungen.

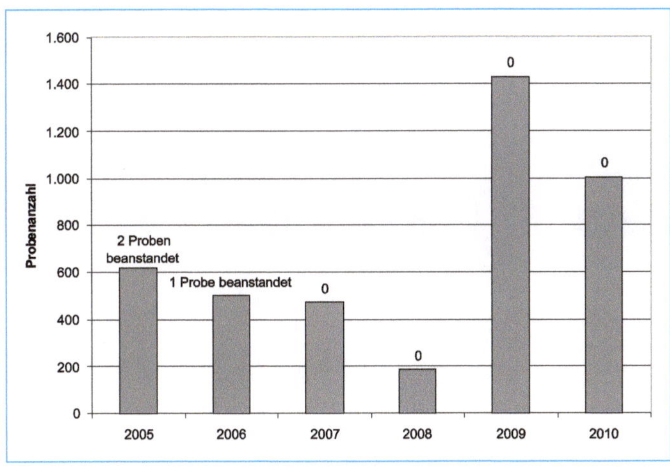

Abb. 1.19-1 Probenanzahl und Anzahl der Beanstandungen im Zeitraum 2005–2010 bei der Untersuchung verschiedener Lebensmittelgruppen auf die Einhaltung der Radioaktivitätshöchstwerte.

2 Nationaler Rückstandskontrollplan (NRKP) und Einfuhrüberwachungsplan (EÜP)

2.1
Ziele, rechtliche Grundlagen und Organisation

2.1.1 Programm und Ziele

Der Nationale Rückstandskontrollplan (NRKP) ist ein Programm zur Überwachung von Lebensmitteln tierischer Herkunft hinsichtlich des Vorhandenseins von Rückständen gesundheitlich unerwünschter Stoffe. Er umfasst verschiedene Produktionsstufen, von den Tierbeständen bis hin zu Betrieben, die Primärerzeugnisse gewinnen oder verarbeiten.

Den NRKP gibt es seit 1989. Die Programm-Planung und -Durchführung erfolgen in der Europäischen Union nach einheitlich festgelegten Maßstäben. Der NRKP wird jährlich neu erstellt. Er enthält für jedes Land konkrete Vorgaben über die Anzahl der zu untersuchenden Tiere oder tierischen Erzeugnisse, die zu untersuchenden Stoffe, die anzuwendende Methodik und die Probenahme. Die Probenahme erfolgt zielorientiert, d. h. unter Berücksichtigung von Kenntnissen über örtliche oder regionale Gegebenheiten oder von Hinweisen auf unzulässige oder vorschriftswidrige Tierbehandlungen. Die Untersuchungen dienen somit der gezielten Überwachung des rechtskonformen Einsatzes von pharmakologisch wirksamen Stoffen, der Kontrolle der Einhaltung des Anwendungsverbotes bestimmter Stoffe und der Sammlung von Erkenntnissen über die Belastung mit Umweltkontaminanten.

Die Proben werden an der Basis der Lebensmittelkette entnommen. Das sichert die Rückverfolgbarkeit zum Ursprungsbetrieb, so dass der Erzeuger direkt für die Qualität bzw. Mängel seiner Produkte verantwortlich gemacht werden kann. Durch die zielorientierte Probenauswahl ist mit einer größeren Anzahl an positiven Rückstandsbefunden zu rechnen, als dies bei einer Probenahme nach dem Zufallsprinzip der Fall wäre. Der NRKP ist somit nicht auf die Erzielung statistisch repräsentativer Daten ausgerichtet. Aus den Daten können auch keine allgemeingültigen Schlussfolgerungen über die tatsächliche Belastung tierischer Erzeugnisse mit unerwünschten Stoffen gezogen werden.

Nach Anhang II Absatz 1 der Verordnung (EG) Nr. 136/2004 haben die Mitgliedstaaten Sendungen von Erzeugnissen, die zur Einfuhr vorgestellt werden, einem Überwachungsplan zu unterziehen. Demnach werden Kontrollen von Erzeugnissen tierischen Ursprungs aus Nicht-EU-Staaten seit 2004 nach einem bundeseinheitlichen Einfuhrrückstandskontrollplan und seit 2010 nach einem Einfuhrüberwachungsplan (EÜP) durchgeführt. Die Untersuchung der Sendungen und die Probenahmen erfolgen an den Grenzkontrollstellen.

2.1.2 Rechtliche Grundlagen

Die Grundlage für den NRKP und EÜP sowie für die Bewertung der Untersuchungsergebnisse sind auf Ebene der Europäischen Gemeinschaft die folgenden Rechtsvorschriften:

- Richtlinie 96/23/EG über Kontrollmaßnahmen hinsichtlich bestimmter Stoffe und ihrer Rückstände in lebenden Tieren und tierischen Erzeugnissen und zur Aufhebung der Richtlinien 85/358/EWG und 86/469/EWG und der Entscheidungen 89/187/EWG und 91/664/EWG;
- Entscheidung 97/747/EG: Entscheidung der Kommission vom 27. Oktober 1997 über Umfang und Häufigkeit der in der Richtlinie 96/23/EG des Rates vorgesehenen Probenahmen zum Zweck der Untersuchung in Bezug auf bestimmte Stoffe und ihre Rückstände in bestimmten tierischen Erzeugnissen;
- Entscheidung 98/179/EG: Entscheidung der Kommission vom 23. Februar 1998 mit Durchführungsvorschriften für die amtlichen Probenahmen zur Kontrolle von lebenden Tieren und tierischen Erzeugnissen auf bestimmte Stoffe und ihre Rückstände;
- Richtlinie 96/22/EG des Rates vom 29. April 1996 über das Verbot der Verwendung bestimmter Stoffe mit hormonaler bzw. thyreostatischer Wirkung und von β-Agonisten in der tierischen Erzeugung und zur Aufhebung der Richtlinien 81/602/EWG, 88/146/EWG und 88/299/EWG;
- Verordnung (EG) Nr. 470/2009 des Europäischen Parlaments und des Rates vom 6. Mai 2009 über die Schaffung eines Gemeinschaftsverfahrens für die Festsetzung von Höchstmengen für Rückstände pharmakologisch wirksamer Stoffe in Lebensmitteln tierischen Ursprungs, zur Aufhebung der Verordnung (EWG) Nr. 2377/90 des Rates

und zur Änderung der Richtlinie 2001/82/EG des Europäischen Parlaments und des Rates und der Verordnung (EG) Nr. 726/2004 des Europäischen Parlaments und des Rates;

- Verordnung (EWG) Nr. 2377/90 des Rates vom 26. Juni 1990 zur Schaffung eines Gemeinschaftsverfahrens für die Festsetzung von Höchstmengen für Tierarzneimittelrückstände in Nahrungsmitteln tierischen Ursprungs (ABl. L 224 vom 18.8.1990, S. 1);[69]
- Entscheidung 2002/657/EG: Entscheidung der Kommission vom 12. August 2002 zur Umsetzung der Richtlinie 96/23/EG des Rates betreffend die Durchführung von Analysemethoden und die Auswertung von Ergebnissen;
- Verordnung (EG) Nr. 401/2006 der Kommission vom 23. Februar 2006 zur Festlegung der Probenahmeverfahren und Analysemethoden für die amtliche Kontrolle des Mykotoxingehalts von Lebensmitteln;
- Verordnung (EG) Nr. 1881/2006 der Kommission vom 19. Dezember 2006 zur Festsetzung der Höchstgehalte für bestimmte Kontaminanten in Lebensmitteln;
- Verordnung (EG) Nr. 1883/2006 der Kommission vom 19. Dezember 2006 zur Festlegung der Probenahmeverfahren und Analysemethoden für die amtliche Kontrolle der Gehalte von Dioxinen und dioxinähnlichen PCB in bestimmten Lebensmitteln;
- Verordnung (EG) Nr. 333/2007 der Kommission vom 28. März 2007 zur Festlegung der Probenahmeverfahren und Analysemethoden für die amtliche Kontrolle des Gehalts an Blei, Cadmium, Quecksilber, anorganischem Zinn, 3-MCPD und Benzo(a)pyren in Lebensmitteln;
- Verordnung (EG) Nr. 396/2005 des Europäischen Parlaments und des Rates vom 23. Februar 2005 über Höchstgehalte an Pestizidrückständen in oder auf Lebens- und Futtermitteln pflanzlichen und tierischen Ursprungs und zur Änderung der Richtlinie 91/414/EWG;
- Verordnung (EG) Nr. 136/2004 der Kommission vom 22. Januar 2004 mit Verfahren für die Veterinärkontrollen von aus Drittländern eingeführten Erzeugnissen an den Grenzkontrollstellen der Gemeinschaft;
- Verordnung (EG) Nr. 882/2004 des Europäischen Parlaments und des Rates vom 29. April 2004 über amtliche Kontrollen zur Überprüfung der Einhaltung des Lebensmittel- und Futtermittelrechts sowie der Bestimmungen über Tiergesundheit und Tierschutz;
- Verordnung (EG) Nr. 853/2004 des Europäischen Parlamentes und des Rates vom 29. April 2004 mit spezifischen Hygienevorschriften für Lebensmittel tierischen Ursprungs;
- Verordnung (EG) Nr. 854/2004 des Europäischen Parlamentes und des Rates vom 29. April 2004 mit besonderen Verfahrensvorschriften für die amtliche Überwachung von zum menschlichen Verzehr bestimmten Erzeugnissen tierischen Ursprungs;
- Entscheidung 363/2007/EG der Kommission vom 21. Mai 2007 über Leitlinien zur Unterstützung der Mitgliedstaaten

bei der Ausarbeitung des integrierten mehrjährigen nationalen Kontrollplans gemäß der Verordnung (EG) Nr. 882/2004 des Europäischen Parlaments und des Rates;

- Verordnung (EG) Nr. 124/2009 zur Festlegung von Höchstgehalten an Kokzidiostatika und Histomonostatika, die in Lebensmittel aufgrund unvermeidbarer Verschleppung in Futtermittel für Nichtzieltierarten vorhanden sind;
- Richtlinie 97/78/EG des Rates vom 18. Dezember 1997 zur Festlegung von Grundregeln für die Veterinärkontrollen von aus Drittländern in die Gemeinschaft eingeführten Erzeugnissen;
- Richtlinie 2001/110/EG des Rates vom 20. Dezember 2001 über Honig;
- Entscheidung 2004/432/EG der Kommission vom 29. April 2004 zur Genehmigung der von Drittländern gemäß der Richtlinie 96/23/EG des Rates vorgelegten Rückstandsüberwachungspläne;
- Entscheidung 2005/34/EG der Kommission vom 11. Januar 2005 zur Festlegung einheitlicher Normen für die Untersuchung von aus Drittländern eingeführten Erzeugnissen tierischen Ursprungs auf bestimmte Rückstände;
- CRL Leitfaden (Guidance paper) vom 7. Dezember 2007 zur Festlegung von empfohlenen Konzentrationen (recommended concentrations).

Die entsprechenden nationalen Grundlagen für den NRKP und EÜP sowie für die Rückstandsbeurteilung sind:

- Lebensmittel-, Bedarfsgegenstände- und Futtermittelgesetzbuch (Lebensmittel- und Futtermittelgesetzbuch – LFGB) in der Fassung der Bekanntmachung vom 26. April 2006 (BGBl. I S. 945);
- Fleischhygienegesetz (FlHG) in der Fassung der Bekanntmachung vom 30. Juni 2003 (BGBl. I S. 1242, 1585), zuletzt geändert durch Art. 7 Nr. 7 des Gesetzes zur Neuordnung d. Lebensmittel- u. FuttermittelR vom 1. September 2005 (BGBl. I S. 2618), aufgehoben durch Artikel 7 Nr. 7 des zuvor genannten Gesetzes, in Teilen weiter anzuwenden gemäß § 1 Abs. 1 Nr. 4 des Gesetzes über den Übergang auf das neue Lebensmittel- und FuttermittelR (BGBl. I S. 2618, 2653);
- Geflügelfleischhygienegesetz (GflHG) in der Fassung der Bekanntmachung vom 17. Juli 1996 (BGBl. I S. 991), zuletzt geändert durch Art. 7 Nr. 8 des Gesetzes zur Neuordnung d. Lebensmittel- u. FuttermittelR vom 1. September 2005 (BGBl. I S. 2618), aufgehoben durch Artikel 7 Nr. 8 des zuvor genannten Gesetzes, in Teilen in der bis zum 6. 9. 2005 geltenden Fassung weiter anzuwenden gemäß § 1 Nr. 5 des Gesetzes über den Übergang auf das neue Lebensmittel- und FuttermittelR (BGBl. I S. 2618, 2653);
- Fleischhygiene-Verordnung (FlHV) in der Fassung der Bekanntmachung vom 29. Juni 2001 (BGBl. I S. 1366), zuletzt geändert durch Art. 7 Satz 2 Nr. 2 der ersten Verordnung zur Änderung von Vorschriften zur Durchführung des gemeinschaftlichen Hygienerechts vom 11. Mai 2010 (BGBl. I S. 612), aufgehoben durch Art. 7 Satz 2 Nr. 2 der zuvor genannten Verordnung mit Wirkung vom 21. Mai 2010;
- Verordnung über Anforderungen an die Hygiene beim Herstellen, Behandeln und Inverkehrbringen von bestimmten

---

[69]Diese Verordnung wurde mit Inkrafttreten der Verordnung (EG) Nr. 470/2009 im Juli 2009 aufgehoben. Die Anhänge der Verordnung (EWG) Nr. 2377/90 galten bis zum Inkrafttreten der Verordnung (EU) Nr. 37/2010 im Februar 2010 weiter.

Lebensmitteln tierischen Ursprungs (Tierische Lebensmittel-Hygieneverordnung – Tier-LMHV) in der Fassung der Bekanntmachung vom 8. August 2007 (BGBl. I S. 1816, 1828), zuletzt geändert durch Artikel 1 der Zweiten Verordnung zur Änderung von Vorschriften zur Durchführung des gemeinschaftlichen Lebensmittelhygienerechts vom 11. November 2010 (BGBl. I S. 1537);

- Verordnung zur Regelung bestimmter Fragen der amtlichen Überwachung des Herstellens, Behandelns und Inverkehrbringens von Lebensmitteln tierischen Ursprungs (Tierische Lebensmittel-Überwachungsverordnung) in der Fassung der Bekanntmachung vom 08. August 2007 (BGBl. I S. 1816, 1864), zuletzt geändert durch Artikel 2 der Zweiten Verordnung zur Änderung von Vorschriften zur Durchführung des gemeinschaftlichen Lebensmittelhygienerechts vom 11. November 2010 (BGBl. I S. 1537);
- Lebensmitteleinfuhr-Verordnung (LMEV) in der Fassung der Bekanntmachung vom 8. August 2007 (BGBl. I 2007, S. 1816, 1871);
- Allgemeine Verwaltungsvorschrift über die Durchführung der amtlichen Überwachung der Einhaltung von Hygienevorschriften für Lebensmittel tierischen Ursprungs und zum Verfahren zur Prüfung von Leitlinien für eine gute Verfahrenspraxis (AVV Lebensmittelhygiene – AVV LmH) in der Fassung der Bekanntmachung vom 9. November 2009 (BAnz. Nr. 178a);
- Honigverordnung in der Fassung der Bekanntmachung vom 16. Januar 2004 (BGBl. I S. 92), zuletzt geändert durch Artikel 9 der Verordnung zur Durchführung von Vorschriften des gemeinschaftlichen Lebensmittelhygienerechts vom 8. August 2007 (BGBl. I S. 1816);
- Verordnung zur Begrenzung von Kontaminanten in Lebensmitteln und zur Änderung oder Aufhebung anderer lebensmittelrechtlicher Verordnungen (Kontaminanten-Verordnung) vom 19. März 2010 (BGBl. I S. 286);
- Rückstands-Höchstmengenverordnung (RHmV) in der Fassung der Bekanntmachung vom 21. Oktober 1999 (BGBl. I S. 2082, ber. 2002 S. 1004), zuletzt geändert durch Artikel 3 der Kontaminanten-Verordnung vom 19. März 2010 (BGBl. I S. 286);
- Schadstoff-Höchstmengenverordnung (SHmV), in der Fassung der Bekanntmachung vom 18. Juli 2007 (BGBl. I S. 1473), zuletzt geändert durch Artikel 5 Nr. 3 der Kontaminanten-Verordnung vom 19. März 2010 (BGBl. I S. 286), aufgehoben durch Artikel 5 Nr. 3 der zuvor genannten Verordnung mit Wirkung vom 27. März 2010;
- Mykotoxin-Höchstmengenverordnung in der Fassung der Bekanntmachung vom 2. Juni 1999 (BGBl. I S. 1248), zuletzt geändert durch Artikel 5 Nr. 1 der Kontaminanten-Verordnung vom 19. März 2010 (BGBl. I S. 286), aufgehoben durch Art. 5 Nr. 1 der zuvor genannten Verordnung mit Wirkung vom 27. März 2010;
- Eingreifwerte beim Nachweis natürlicher Sexualhormone sowie
- verschiedene arzneimittelrechtliche und tierarzneimittelrechtliche Vorschriften.

2.1.3 Organisation

Der NRKP und der EÜP werden von den Ländern gemeinsam mit dem Bundesamt für Verbraucherschutz und Lebensmittelsicherheit (BVL) als koordinierende Stelle durchgeführt.

Das BVL ist dabei mit folgenden Aufgaben betraut: (a) Erstellung des NRKP bzw. Mitarbeit bei der Erstellung des EÜP, (b) Sammlung und Auswertung der Daten über die Untersuchungsergebnisse der Länder, (c) Zusammenfassung der Daten, (d) Weitergabe der Daten an die Europäische Kommission, (e) Veröffentlichung der Daten, (f) koordinierende Funktion zwischen den staatlichen Behörden sowie (g) Funktion als Nationales Referenzlabor.

In der Zuständigkeit der Länder liegen folgende Aufgaben: (a) Festlegung der konkreten Vorgaben (z. B. Verteilung der Probenzahlen auf die einzelnen Regionen), (b) Probenahme, (c) Analyse der Proben, (d) Erfassung der Daten sowie (e) Übermittlung der Daten an das BVL. Der NRKP wird von den Ländern als eigenständige gesetzliche Aufgabe im Rahmen der amtlichen Lebensmittel- und Veterinärüberwachung durchgeführt. Grundlage für die Festlegung der Probenkontingente für die einzelnen Länder sind die jährlichen Schlacht- und Produktionszahlen und die Größe der Tierbestände. Die weitere Verteilung der Proben legen die Länder in Eigenverantwortung fest.

2.1.4 Untersuchungen

2.1.4.1 Einleitung

Der NRKP umfasst alle der Lebensmittelgewinnung dienenden, lebenden und geschlachteten Tierarten sowie Primärerzeugnisse vom Tier wie Milch, Eier und Honig. Von 1989–1994 enthielt der NRKP Vorgaben für die Überwachung von Rindern, Schweinen, Schafen und Pferden. 1995 wurde zusätzlich auch Geflügel aufgenommen. Seit 1998 werden Fische aus Aquakulturen und seit 1999 auch Kaninchen, Wild, Eier, Milch und Honig nach den EU-weit geltenden Vorschriften kontrolliert.

Der NRKP gibt jährlich ein bestimmtes Spektrum an Stoffen vor, auf das die entnommenen Proben mindestens zu untersuchen sind (Pflichtstoffe). Darüber hinaus können bei einer definierten Anzahl von Tieren und Erzeugnissen die Stoffe nach aktuellen Erfordernissen und entsprechend den speziellen Gegebenheiten in den Länden frei ausgewählt werden (Tab. 2-1).

Über den EÜP wird ebenfalls das gesamte Spektrum tierischer Primärprodukte bzw. Erzeugnisse abgedeckt, die über Deutschland in die Gemeinschaft eingeführt werden. Das Stoffspektrum und die Untersuchungszahlen der Länder werden entsprechend dem Risikoansatz der Verordnung (EG) Nr. 882/2004 festgelegt. Folgende Kriterien sollten bei der Risikobewertung berücksichtigt werden:

- Allgemeine Informationen und Besonderheiten über die Drittländer, die Produkte (Produktspezifika), die Betriebe und die Importeure,
- Informationen aus dem Europäischen Schnellwarnsystem,

Tab. 2-1 Stoffgruppen, bei Schlachttieren und Primärerzeugnissen gemäß Anhang II der Richtlinie 96/23/EG und zusätzlich zur Richtlinie in 2010 zu untersuchende Stoffgruppen (#).

Stoffgruppe	Tierart, Tierische Erzeugnisse						
	Rinder, Schafe, Ziegen, Pferde, Schweine	Geflügel	Tiere der Aquakultur	Milch	Eier	Kaninchen-/ Zuchtwild- fleisch, Wild	Honig
Stilbene, Stilbenderivate, ihre Salze und Ester	x	x	x			x	
Thyreostatika	x	x				x	
Steroide	x	x	x			x	
Resorcylsäure-Lactone	x	x				x	
β-Agonisten	x	x				x	
Stoffe des Anh. IV der Verordnung (EWG) Nr. 2377/90	x	x	x	x	x	x	#
Antibiotika einschl. Sulfonamide u. Chinolone	x	x	x	x	x	x	x
Anthelminthika	x	x	x	x		x	
Kokzidiostatika einschl. Nitroimidazole	x	x		#	x	x	
Carbamate und Pyrethroide	x	x				x	x
Beruhigungsmittel	x						
Nicht steroidale entzündungshemmende Mittel	x	x		x		x	
Sonstige Stoffe mit pharmakologischer Wirkung	#	#			#		#
Organische Chlorverbindungen einschl. PCB	x	x	x	x	x	x	x
Organische Phosphorverbindungen	x	#		x	#		x
Chemische Elemente	x	x	x	x		x	x
Mykotoxine	x	x	x	x			
Farbstoffe			x				
Sonstige			#			- / #	#

– Informationen der EU-Kommission einschließlich des EU-Lebensmittel- und Veterinäramtes (FVO),
– Informationen des Bundes,
– Informationen der Länder untereinander, insbesondere über aktuelle Ereignisse,
– Ergebnisse der bundesweiten Überwachungsprogramme und sonstiger Kontrollen und
– Schutzmaßnahmen gegenüber Drittländern.

Die Probenahme erfolgt demnach risikoorientiert auf der Grundlage der genannten Informationen. Folglich können aus den Daten auch keine allgemeingültigen Schlussfolgerungen über die tatsächliche Belastung der tierischen Erzeugnisse mit unerwünschten Stoffen gezogen werden. Außerdem werden bei der Festlegung und Untersuchung der Stoffe auch die Vorgaben des Nationalen Rückstandskontrollplanes berücksichtigt.

Im Einzelnen wurden die Proben im Jahr 2010 auf Stoffe aus den hier genannten Stoffgruppen getestet.

2.1.4.2   Stoffgruppen nach Anhang I der Richtlinie 96/23/EG

Gruppe A – Stoffe mit anaboler Wirkung und nicht zugelassene Stoffe

Bei den Stoffen der Gruppe A handelt es sich zum größten Teil um hormonell wirksame Stoffe. Diese können physiologisch im Körper gebildet oder synthetisch hergestellt werden. Die Anwendung dieser Stoffe ist bei Lebensmittel liefernden Tieren weitestgehend verboten.

A 1 Stilbene, Stilbenderivate, ihre Salze und Ester
Bei diesen Substanzen handelt es sich um synthetische nicht-steroidale Stoffe mit estrogener Wirkung. Sie fördern die Proteinsynthese und damit den Muskelaufbau, was sie für den Einsatz als Masthilfsmittel interessant macht. Verboten wurden sie, weil sie im Verdacht stehen, Tumoren auszulösen, und Diethylstilbestrol (DES) zusätzlich genotoxische Eigenschaften aufweist. In der EU ist die Anwendung von Stilbenen, Stilbenderivaten, ihren Salzen und Estern in der Tierproduktion seit 1981 verboten.

A 2 Thyreostatika
Hierunter versteht man Stoffe, welche die Synthese von Schilddrüsenhormonen hemmen. Infolge von biochemischen Reaktionen kommt es dabei zu einer Herabsetzung des Grundumsatzes und damit bei gleicher oder geringer Nährstoffzufuhr zu einer Vermehrung der Körpermasse. Dieser Körpermassezuwachs resultiert hauptsächlich aus einer erhöhten Wassereinlagerung in die Muskulatur. Thyreostatika können beim Menschen z. B. Knochenmarksschäden (Leukopenie, Thrombopenie) hervorrufen; sie wirken karzinogen und stehen in Verdacht, auch teratogen zu wirken. In der EU ist die Anwendung von Thyreostatika in der Tierproduktion seit 1981 verboten.

A 3 Steroide
Zur Stoffklasse der Steroide gehört eine Vielzahl von Verbindungen, die auf dem Grundgerüst des Sterans aufgebaut sind und daher zwar ähnliche chemische Eigenschaften aufweisen, jedoch biologisch unterschiedlich wirken. Das chemische Grundgerüst der Steroide besteht aus kondensierten, gesättigten Kohlenwasserstoffringen mit mindestens 17 Kohlenstoffatomen, wobei einzelne Kohlenstoffatome an der Bildung mehrerer Ringe beteiligt sind. Steroidhormone leiten sich vom Cholesterol ab. Durch verschiedene Umbauprozesse entstehen zunächst die Gestagene, aus diesen die Androgene und Estrogene.

Einige Stoffe dieser Gruppe wurden in der Vergangenheit als Masthilfsmittel missbraucht. Infolgedessen dürfen in der EU keine estrogen, gestagen oder androgen wirksamen Stoffe mehr an Masttiere verabreicht werden. Ihr Einsatz beschränkt sich im Wesentlichen auf die Therapie von Fruchtbarkeitsstörungen, auf die Brunstsynchronisation bzw. Induzierung der Laichreife, Verbesserung der Fruchtbarkeit und auf Trächtigkeitsabbrüche bei nicht zu Mastzwecken gehaltenen Tieren.

Im Rahmen der Rückstandsuntersuchung sind vier Stoffuntergruppen bei den Steroidhormonen bedeutsam:

– Synthetische Androgene (z. B. Trenbolon, Nortestosteron, Stanozolol, Boldenon)

Androgene sind zumeist C-19-Steroide. Sie sind verantwortlich für die Ausbildung der primären und sekundären männlichen Geschlechtsmerkmale. Weiterhin bewirken sie die Steigerung der Eiweißbildung (anaboler Effekt) und die Abnahme des Lipid- und Wassergehaltes. Synthetische Androgene werden zur Steigerung der Mastleistung (schnellere Gewichtszunahme, bessere Futterverwertung) verwendet. Bedeutsame Vertreter der Gruppe der synthetischen Androgene sind 19-Nortestosteron und Trenbolon. Nortestosteron ist ein vermehrt anabol wirkender Stoff mit verminderter androgener Wirkung. Trenbolon ist ein hoch wirksames Steroid (acht- bis zehnmal stärkere Wirksamkeit als Testosteron), das nicht selten auch als Dopingmittel im Human- oder Pferdesport illegal eingesetzt wurde. Nortestosteron und sein Epimer 17-alpha-19-Nortestosteron können in Abhängigkeit vom physiologischen Zustand des Tieres, dem Alter und dem Geschlecht auch natürlicherweise bei verschiedenen Tierspezies vorkommen.

Boldenon ist ebenfalls ein potentielles illegales Masthilfsmittel, kann aber ebenso natürlicherweise bei nicht behandelten Rindern als 17-Alpha-Boldenon vorkommen. Der Nachweis von 17-Beta-Boldenon bei Mastkälbern wird immer als Beweis für eine illegale Behandlung angesehen. Wird 17-Alpha-Boldenon bei Kälbern im Urin in einer Menge von über 2 µg/kg nachgewiesen, erfordert dies zusätzliche Untersuchungen, um eine vorschriftswidrige Anwendung von Boldenon auszuschließen.

Eine übermäßige Zufuhr von Androgenen kann beim Menschen Fruchtbarkeitsstörungen und Lebererkrankungen induzieren, das Wachstum von Jugendlichen infolge einer beschleunigten Knochenreifung hemmen sowie eine Vermännlichung bei Frauen (zunehmende Behaarung, Vertiefung der Stimme, männliche Körperproportionen) hervorrufen.

– Synthetische Estrogene (Follikelhormone, z. B. Ethinylestradiol)

Diese Steroidhormone fördern das Zellwachstum (Proliferation) der weiblichen Geschlechtsorgane (Gebärmutter, Gebärmutterschleimhaut, Scheide, Eileiter und Brustdrüsen). Weiterhin fördern sie die Durchblutung und die Zelldurchlässigkeit, das Wachstum und die Proteinsynthese. Aufgrund der anabolen (muskelaufbauenden) Wirkung wurden synthetische Estrogene in der Tiermast eingesetzt. Durch die proliferative Wirkung besteht die Gefahr eines Karzinoms der Gebärmutterschleimhaut.

– Natürliche Steroide (Estradiol, Testosteron)

Estradiol ist ein natürliches Estrogen, Testosteron das wichtigste natürliche Androgen. Sie zeigen die bereits beschriebenen Wirkungen. Estradiol darf bei Lebensmittel liefernden Tieren nur zur Behandlung von Fruchtbarkeitsstörungen und für zootechnische Zwecke, beispielsweise zur Brunstsynchronisation angewandt werden.

– Gestagene

Gestagene sind schwangerschaftserhaltende Hormone. Progesteron als physiologisches Gestagen bewirkt unter anderem die Vorbereitung der Gebärmutterschleimhaut für die Einlagerung der Eizelle, fördert das Wachstum der Gebärmuttermuskulatur und stellt diese ruhig. Synthetische Gestagene werden in der Landwirtschaft häufig zur Brunstsynchronisation (Zyklusblockade) eingesetzt. Durch Gestagene kommt es infolge eines vermehrten Appetits und einer verminderten Aktivität zu Gewichtszunahmen. Unerwünschte Wirkungen können z. B. in Form von Lebererkrankungen, krankhaften Veränderungen der Gebärmutterschleimhaut oder Venenerkrankungen auftreten.

A 4 Resorcylsäure-Lactone
Resorcylsäure-Lactone sind Stoffe, die als Nicht-Estrogene an die Estrogen-Rezeptoren anbinden, beispielsweise Zeranol (α-Zearalanol). Zeranol ist eine xenobiotische (durch Pflanzen synthestisierte) Substanz mit estrogenen und anabolen Eigenschaften, aufgrund derer es in der Tiermast zur Wachstumsförderung eingesetzt wurde. Die Anwendung ist in der Europäischen Union seit 1988 verboten. Die Hauptmetaboliten von Zeranol in Säugetieren sind Taleranol und Zearalanon. Zeranol kann jedoch auch durch eine Mykotoxinkontamination des Futters in den Tierkörper gelangen. Zeranol wird entweder direkt durch die Schimmelpilzgattung Fusarium gebildet oder entsteht durch die Umwandlung der Mykotoxine Zearalenon sowie alpha- und beta-Zearalenol. Die Unterscheidung zwischen natürlich auftretendem Zeranol und Rückständen aus einer illegalen Verwendung eines Masthilfsmittels ist dadurch schwierig. Aufschluss kann hier eine differenzierte Bestimmung von Zeranol und seinen Metaboliten (Taleranol, Zearalenon) sowie der strukturverwandten Mykotoxine alpha- und beta-Zearalenol sowie Zearalenon geben. Die einzuleitenden Folgemaßnahmen richten sich dann nach der ermittelten Ursache für die Belastung.

A 5 β-Agonisten (Sympathomimetika)
β-Agonisten sind Wirkstoffe, die an den β-Rezeptoren der Katecholamine Adrenalin und Noradrenalin angreifen. Zudem wirken sie fettspaltend und hemmen den Eiweißabbau. Clenbuterol ist der bekannteste Vertreter der β-Agonisten. Es wurde ursprünglich als Asthmatikum entwickelt, in der Veterinärmedizin wird es als wehenhemmendes Mittel eingesetzt. Aufgrund der fettverbrennenden und muskelaufbauenden Wirkung wurde es missbräuchlich für Mastzwecke in der Landwirtschaft verwendet. Clenbuterol kann beim Menschen zu Herzrasen (Tachykardie), Muskelzittern, Kopf- und Muskelschmerzen führen. Bei Lebensmittel liefernden Tieren ist der Einsatz von Clenbuterol bis auf wenige Ausnahmen und der aller anderen Stoffe aus dieser Gruppe grundsätzlich verboten.

A 6 Stoffe des Anhangs IV der Verordnung (EWG) Nr. 2377/90
Anhang IV der Verordnung (EWG) Nr. 2377/90 enthält die pharmakologisch wirksamen Stoffe, für die keine Rückstandshöchstmengen in tierischen Lebensmitteln festgesetzt werden können, da Rückstände dieser Stoffe in jedweder Konzentration eine Gefahr für die Gesundheit des Verbrauchers darstellen können. Die Anwendung dieser Stoffe ist bei Tieren, die der Gewinnung von Lebensmitteln dienen, verboten.

Mit Außerkrafttreten der Verordnung (EWG) Nr. 2377/90 und Inkrafttreten der Verordnung (EU) Nr. 37/2010 zum 09. Februar 2010 wurden die Stoffe in Tabelle 2 des Anhanges der letztgenannten Verordnung übernommen.

– Amphenicole
Der wichtigste Vertreter ist Chloramphenicol (CAP), ein Breitbandantibiotikum. Chloramphenicol wurde in der EU im Jahr 1994 für die Anwendung bei Lebensmittel liefernden Tieren verboten. Das Verbot basiert auf der Beurteilung des Europäischen Ausschusses für Tierarzneimittel (Commitee for Veterinary Medicinal Products (CVMP)), wonach festgestellt wurde, dass für CAP kein ADI (Acceptable Daily Intake) ableitbar ist, da kein Schwellenwert für die Auslösung der aplastischen Anämie beim Menschen bekannt ist. Zum Zeitpunkt der Beurteilung lagen zudem positive Genotoxizitätstests vor und weitere Toxizitätsstudien waren unvollständig. Die Aufnahme in Anhang IV der Verordnung (EWG) Nr. 2377/90 hat wegen des Wortlautes von Artikel 5 dieser Verordnung zur Folge, dass CAP-Rückstände unabhängig von ihren Gehalten als eine Gefahr für die Gesundheit des Verbrauchers angesehen werden müssen. Über den tatsächlichen Umfang des Verbraucherrisikos ist damit jedoch nichts ausgesagt. Bei der Anwendung von Chloramphenicol können, wenn auch in sehr seltenen Fällen, neben der aplastischen Anämie auch Schädigungen des Knochenmarks oder starke örtliche Irritationen der Injektionsstelle auftreten. Daher wird Chloramphenicol in der Humanmedizin nur noch als Reserveantibiotikum verwendet. Hauptbehandlungsgebiete sind schwere, sonst nicht zu beherrschende Infektionskrankheiten wie beispielsweise Typhus, Ruhr und Malaria.

– Nitroimidazole
Nitroimidazole sind Antibiotika, die bakterizid gegen fast alle anaeroben Bakterien und viele Protozoen wirken. Der wichtigste Vertreter ist Metronidazol. Metronidazol besitzt, wie in Langzeitstudien in Ratten und Mäusen ermittelt, fortpflanzungstoxische Eigenschaften. Weiterhin hat Metronidazol genotoxische und krebserregende Eigenschaften. Bisher fehlen Daten über Abbauvorgänge im Organismus (EMEA, 1997a). Daher wurde 1998 die Anwendung von Metronidazol bei Tieren verboten, die der Erzeugung von Lebensmitteln dienen. Vor dem Anwendungsverbot war Metronidazol ein probates Mittel zur Behandlung der Dysenterie, einer bakteriellen Darmkrankheit bei Schweinen. Das Auftreten von Dysenterie bei Schweinen kann daher ein Beweggrund sein, diesen Stoff trotz des Verbotes einzusetzen. Ein solcher Einsatz kann zu Rückständen in Lebensmitteln führen. Metronidazol wird nach der Anwendung im Organismus teilweise enzymatisch zu Hydroxymetronidazol umgewandelt. Die Analytik im Rahmen des NRKP beschäftigt sich daher mit dem Nachweis sowohl der Ausgangssubstanz als auch des Hydroxymetronidazols.

– Nitrofurane
Nitrofurane sind breitwirkende Chemotherapeutika, die gegen viele Bakterien, z. T. auch gegen Kokzidien, Hefearten und Trichomonaden wirken. Sie werden durch Abspaltung ihrer Nitrogruppe in den Bakterien zu reaktiven Produkten, die Chromosomenbrüche in den Bakterien auslösen. Sie schädigen auch den Stoffwechselzyklus der Erreger. Die bei der Umwandlung im Säugetierorganismus entstehenden reaktiven Metaboliten sowie die Veränderungen im Stoffwechsel wirken mutagen und möglicherweise karzinogen, weshalb Nitrofurane in der EU bei Lebensmittel liefernden Tieren nicht mehr angewandt werden dürfen. In der Veterinärmedizin finden v. a. Furazolidon, Furaltadon, Nitrofurantoin und Nitrofurazon Verwendung. Im Tierkörper sind häufig nur noch deren Metaboliten 3-Amino-2-oxazolidinon (AOZ), 5-Methylmorpholino-3-amino-2-oxazolidinon (AMOZ), 1-Aminohydantoin (AHD) und Semicarbazid (SEM) nachzuweisen. Daher wird im Rahmen des NRKP bevorzugt auf diese Stoffe untersucht.

Gruppe B – Tierarzneimittel und Kontaminanten

Der Einsatz von Tierarzneimitteln ist rechtlich zulässig, sofern Höchstmengen (MRL = „Maximum Residue Limit") festgelegt wurden und die Tierarzneimittel zugelassen sind. MRLs sind in der Verordnung (EWG) Nr. 2377/90 bzw. in der sie unter anderem ersetzenden Verordnung (EU) Nr. 37/2010 geregelt. Um ein Gesundheitsrisiko für den Verbraucher zu vermeiden, sind nach der Anwendung tierartspezifische Wartezeiten einzuhalten, bevor ein Tier geschlachtet werden darf oder tierische Erzeugnisse verwendet werden dürfen. Bei sachgerechter Anwendung ist davon auszugehen, dass nach Ablauf der Wartezeit keine Höchstmengenüberschreitungen mehr festgestellt werden.

B 1 Stoffe mit antibakterieller Wirkung, einschließlich Sulfonamide und Chinolone

– Sulfonamide

Mit der Entdeckung der Wirksamkeit der Sulfonamide begann 1935 die Ära der antibakteriellen Chemotherapie. Inzwischen wurden mehr als 50.000 Sulfonamide hergestellt und untersucht, etwa 30 werden als Arzneimittel eingesetzt, zum Beispiel Sulfadiazin, Sulfathiazol und Sulfadimidin. Sulfonamide sind Amide aromatischer Sulfonsäuren. Aufgrund struktureller Ähnlichkeit mit der mikrobiellen para-Aminobenzoesäure verdrängen sie diese aus dem Stoffwechsel und stören so die Folsäuresynthese empfindlicher Organismen. Da in Säugetierzellen keine Folsäure synthetisiert wird, sind Sulfonamide für Menschen und Tiere relativ gut verträglich. Sulfonamide sind gegen ein breites Spektrum von Bakterien und Protozoen wirksam. Allerdings haben inzwischen zahlreiche Erreger Resistenzen entwickelt. Durch Kombination mit Trimethoprim und anderen Diaminopyrimidinen kann die Wirksamkeit der Sulfonamide potenziert werden. Die Sulfonamide werden heute meist in dieser potenzierten Form verwendet. Sulfonamide gehören zu den häufig eingesetzten Tierarzneimitteln. Nach Behandlung der Tiere verteilen sie sich sehr gut im gesamten Organismus und gelangen dabei auch in Milch und Eier. Bei Einhaltung der gesetzlich vorgeschriebenen Wartezeiten ist eine Gefährdung des Verbrauchers ausgeschlossen. Neben diesem direkten Eintrag in die Nahrungskette kann es in Ausnahmefällen zu einer indirekten Belastung von Tieren kommen. Sulfonamide persistieren lange in der Umwelt und können daher unter ungünstigen Umständen auch nach Abschluss einer Behandlung von Tieren ungewollt aufgenommen werden.

– Tetracycline

Hierbei handelt es sich um Antibiotika, die von *Streptomyces*-Arten produziert werden. Vertreter dieser Gruppe sind Oxytetracyclin, Chlortetracyclin und Tetracyclin. Tetracycline hemmen die bakterielle Proteinsynthese an den Ribosomen und damit das Bakterienwachstum.

Gegenüber Tetracyclinen wurden bereits vielfach Resistenzen beobachtet.

Doxycyclin gehört zur neueren Generation der Tetracycline, welche ein breiteres Wirkspektrum besitzt.

– Chinolone

Chinolone erreichen ihre bakterizide Wirkung durch Hemmung des Enzyms DNA-Gyrase, welches die Bakterien benötigen, um bei der Zellteilung einen geschnittenen DNA-Strang wieder zusammenzufügen. Sie wirken gegen ein breites Erregerspektrum und sind die am häufigsten eingesetzte Gruppe der synthetischen Therapeutika. Vielfach werden Chinolone dann eingesetzt, wenn mikrobielle Resistenzen gegenüber anderen Mitteln vorliegen. Chinolone können bei einem noch nicht ausgewachsenen Skelett Knorpelschäden hervorrufen.

Zu den Chinolonen zählen beispielsweise Marbofloxacin, Difloxacin, Sarafloxacin, Enrofloxacin, sein Stoffwechselprodukt Ciprofloxacin und Danofloxacin.

– Makrolide

Sie erzielen ihre bakteriostatische Wirkung über die Hemmung des Enzyms Translokase, wodurch die Proteinsynthese gehemmt wird. Makrolide wirken vor allem gegen gram-positive Erreger. Als erster Vertreter der Makrolid-Antibiotika wurde Erythromycin aus *Streptomyces erythreus* isoliert. Tylosin, Tilmicosin, Tulathromycin und Spiramycin zählen ebenfalls zu dieser Gruppe. Da Makrolide nur ein spezifisches Enzym hemmen, bilden Erreger relativ schnell Resistenzen gegen diese Stoffe aus.

– Aminoglycoside

Antibiotika aus der Gruppe der Aminoglycoside sind basische und stark polare Stoffe. Wie bereits der Name „Aminoglycoside" sagt, sind es zuckerartige Moleküle mit mehreren Aminogruppen. Wichtige Vertreter dieser Arzneimittelgruppe sind Streptomycin, eines der ersten therapeutisch verwendeten Antibiotika, Dihydrostreptomycin sowie Gentamicin, Neomycin und Kanamycin. Aminosidin und Apramycin zählen ebenfalls zu dieser Gruppe. Die Aminoglycosid-Antibiotika wirken bakteriostatisch über die Hemmung der Proteinsynthese an den Ribosomen der Erreger. Aminoglycoside werden in der Tiermedizin bei den Lebensmittel liefernden Tieren Rind und Schwein unter anderem bei Infektionen des Atmungstraktes, des Verdauungstraktes, der Harnwege, der Geschlechtsorgane und bei Septikämie („Blutvergiftung") eingesetzt. Angewendet werden sie meist als Injektionslösung, aber auch oral verwendbare Präparate sind verfügbar, die jedoch nur in geringem Maße resorbiert werden. Aminoglycoside wirken vor allem gegen gram-negative Bakterien, aber auch gegen einige grampositive Keime wie Staphylokokken. Ausgeschieden werden Aminoglycoside vor allem über die Niere. Dort sind sie nach einer Anwendung auch am längsten nachweisbar. Positive Befunde (Höchstmengenüberschreitungen) werden daher meist in der Niere festgestellt. Nur bei sehr hohen Aminoglycosidgehalten in der Niere sind auch noch im Muskelgewebe Mengen oberhalb der zulässigen Toleranzen zu erwarten. Angesichts nur weniger positiver Befunde, meist nur in der selten verzehrten Niere, ist das Risiko für den Verbraucher eher gering. Nicht eingehaltene Wartezeiten für Niere gelten als häufigste Ursache positiver Befunde. Gelegentlich wird auch vermutet, dass durch die Erkrankung des behandelten Tieres Antibiotika langsamer ausgeschieden werden und es damit zu erhöhten Rückständen kommt.

– β-Laktam-Antibiotika
Hierbei handelt es sich um eine Antibiotikagruppe mit einem β-Laktam-Ring. Der bekannteste Vertreter dieser Gruppe ist (Benzyl)Penicillin, eines der ältesten Antibiotika. (Benzyl)Penicillin wurde bereits 1929 aus Kulturen des Schimmelpilzes *Penicillium notatum* extrahiert und ab 1941 klinisch erprobt. Heute werden Penicilline halbsynthetisch hergestellt. Mit Einfügen einer Aminogruppe am Benzylrest wurde das Wirkspektrum der Penicilline erweitert. Vertreter dieser neueren Aminopenicilline sind Ampicillin und Amoxicillin. Penicilline wirken bakterizid, indem sie die Zellwandsynthese der Bakterien bei der Zellteilung hemmen. Inzwischen existieren viele Allergien gegen Penicillin und verwandte Stoffe, die von leichten Hautreaktionen bis zum anaphylaktischen Schock reichen können.

– Cephalosporine
Cephalosporine sind Breitband-Antibiotika, die, wie auch die Penicilline, zur Gruppe der β-Lactam-Antibiotika gehören. Sie wirken bakterizid, indem sie die Zellwandsynthese sich teilender Bakterien stören. Cephalosporine wirken in unterschiedlichem Maß nierenschädigend. Natürlicherweise kommen Cephalosporine im Schimmelpilz *Cephalosporium acremonium* vor. Cephalosporine werden halbsynthetisch gewonnen. Zu dieser Gruppe gehören beispielsweise Cefalexin und Cefaperazon.

– Diamino-Pyrimidin-Derivate
Diamino-Pyrimidin-Derivate wirken durch Hemmung der bakteriellen Folsäure-Synthese bakteriostatisch. In Kombination mit Sulfonamiden potenziert sich die Wirkung und die Kombinationspräparate wirken bakterizid. Ein bekannter Vertreter der Diamino-Pyrimidin-Derivate ist beispielsweise Trimethoprim.

– Polymyxine
Polymyxine, wie beispielsweise Colistin und Polymyxin B, gehören zur Gruppe der Polypeptid-Antibiotika. Sie stören die Zellwandpermeabilität der Bakterien und wirken dadurch bakterizid. Nach parenteraler Applikation besitzen die Polymyxine ein hohes neuro- und nephrotoxisches Potential.

– Lincosamide
Lincosamide gehören zu den Aminoglycosid-Antibiotika. Sie wirken vorwiegend bakteriostatisch und sind nur in hohen Konzentrationen gegenüber empfindlichen Erregern durch Hemmung der Proteinsynthese bakterizid. Ein Vertreter dieser Gruppe ist Lincomycin.

– Pleuromutiline
Hierbei handelt es sich um halbsynthetische Antibiotika mit bakteriostatischer Wirkung durch Hemmung der Proteinsynthese. Zu dieser Gruppe zählt beispielsweise das nur in der Veterinärmedizin angewendete Tiamulin.

B 2 Sonstige Tierarzneimittel

B 2 a) Anthelminthika
Anthelminthika sind Medikamente zur Bekämpfung von Wurminfektionen. Sie greifen in den Stoffwechsel von Würmern (Nematoden/Fadenwürmer, Zestoden/Bandwürmer, Trematoden/Saugwürmer) ein oder beeinflussen deren neuromuskuläre Übertragungsmechanismen, so dass die gelähmten Darmparasiten mit der Peristaltik ausgeschieden werden. Das Wirkspektrum (Entwicklungsstadien und adulte Formen der verschiedensten Helminthen) ist je nach verwendetem Mittel unterschiedlich. Bekannte Wirkstoffgruppen mit einem breiten Wirkspektrum bei gleichzeitiger guter Verträglichkeit für das Wirtstier sind Avermectine und Benzimidazole. Avermectine sind Fermentationsprodukte des in Japan als natürlicher Bodenorganismus vorkommenden Strahlenpilzes *Streptomyces avermitilis*. Ein großer Teil der Avermectine wie Ivermectin oder Doramectin werden teilsynthetisch hergestellt.

Zu den Benzimidazolen zählen beispielsweise Thiabendazol, Mebendazol oder Fenbendazol.

B 2 b) Kokzidiostatika einschl. Nitroimidazole
Kokzidien sind Einzeller (Protozoen), die vor allem das Darmepithel, aber auch Leber und Niere befallen, wodurch die Aufnahme von Nährstoffen und das Wachstum verhindert werden. Die Infektionen verlaufen oft tödlich und können sich rasch ausbreiten. In der Geflügelhaltung stellt die Kokzidiose eine der häufigsten Erkrankungen dar. Kokzidiostatika werden meist zur Prophylaxe bzw. Metaphylaxe über das Futter verabreicht. Sie hemmen die endogene Entwicklung von Kokzidien in den Zellen. Wichtige Vertreter sind beispielsweise Nicarbazin, Lasalocid, Monensin, Maduramicin, Toltrazuril und Diclazuril. Nicarbazin (Markerrückstand Dinitrocarbanilid/DNC) blockiert den Entwicklungszyklus der Parasiten durch Hemmung der Folsäuresynthese. Auch wird eine direkte Schädigung der Reproduktionsorgane beobachtet. Lasalocid, Monensin und Maduramicin stören den Ionenaustausch in den Zellen. Als Folge tritt Wasser ein, wodurch die Zellen zerstört werden. Der genaue Wirkmechanismus von Diclazuril ist nicht bekannt. Es beeinträchtigt die meisten Kokzidienspezies während der asexuellen Entwicklung, die Oozystenausscheidung wird reduziert und die Sporulationsfähigkeit ausgeschiedener Kokzidien vermindert.

Ionophore wie Monensin und Salinomycin wurden in der Vergangenheit als Wachstumsförderer bei Rindern und Schweinen angewendet. Diese Anwendung ist seit 2006 in der EU verboten.

Nitroimidazole sind bakterizid wirkende Antibiotika, die gegen die meisten anaeroben Bakterien und viele Protozoen wirken. Sie besitzen wie die Nitrofurane eine Nitrogruppe im Molekül. Diese wird von den Bakterien abgespalten, wodurch reaktive Produkte entstehen, die die Bakterien schädigen. Vergleichbar den Nitrofuranen entstehen reaktive Stoffwechselprodukte im Säugetierorganismus, wodurch sie im Verdacht stehen, mutagene bzw. kanzerogene Wirkungen zu besitzen.

Wichtige Vertreter dieser Gruppe sind Metronidazol und Tinidazol.

B 2 c) Carbamate und Pyrethroide

Carbamate sind Ester der Carbaminsäure. Sie haben zum einen eine indirekte parasympathomimetische, zum anderen eine insektizide und akarizide Wirkung. Dementsprechend werden Carbamate als Therapeutika, z. B. bei Darm- und Blasenatonie, oder sehr häufig auch als Schädlingsbekämpfungsmittel gegen Ektoparasiten eingesetzt.

Pyrethroide sind Insektizide, die ursprünglich dem Gift der Chrysantheme, dem Pyrethrum, sehr ähnlich waren. Ihre chemische Struktur wurde im Laufe der Jahre erheblich verändert. Pyrethroide sind schnell wirksame Kontaktgifte gegen Insekten und besitzen ebenfalls eine akarizide Wirkung. Das zu dieser Gruppe gehörende Permethrin ist das meistverwendete Insektizid überhaupt, weitere Vertreter sind Fenvalerat, Deltamethrin, Bifenthrin und Lambda-Cyhalothrin.

B 2 d) Beruhigungsmittel

Beruhigungsmittel (Sedativa) sind zentralwirksame Arzneimittel, die sensorische, vegetative und motorische Nervenzentren dämpfen. Sie werden beispielsweise in der Anästhesiologie zur Beruhigung eingesetzt oder auch bei Angstzuständen, wie sie bei Versagen von lebenswichtigen Funktionen, z. B. der Atmung auftreten. Jedoch ist auch eine Verabreichung zur Ruhigstellung während des Transports zur Schlachtung beobachtet worden. Dieses behindert eine ordnungsgemäße Lebendtierbeschau vor der Schlachtung und bedingt eventuell unzulässige Arzneimittelrückstände. Vertreter dieser Gruppe sind Azaperon und Acepromazin.

B 2 e) Nicht steroidale entzündungshemmende Mittel

Die Wirkung dieser entzündungshemmenden (antiinflammatorischen) Mittel beruht auf der Hemmung des Enzyms Cyclooxygenase. Dadurch ist die Bildung von Prostaglandinen gestört, die als Entzündungsmediatoren fungieren. Daneben wirken die Mittel schmerzstillend. Anwendungsgebiete dieser Wirkstoffgruppe, zu der beispielsweise Phenylbutazon, Vedaprofen, Flunixin oder Metamizol zählen, sind vor allem akute entzündliche Erkrankungen des Bewegungsapparates und Gewebsverletzungen, auch als Folge von Operationen.

B 2 f) Sonstige Stoffe mit pharmakologischer Wirkung

Dieser Gruppe sind die synthetischen Kortikosteroide zugeordnet. Ein bekannter Vertreter ist das Dexamethason. Dexamethason ist ein synthetisches Glucocorticoid, welches sich von dem natürlich vorkommenden Hydrocortison ableitet. Natürliche Glucocorticoide sind Hormone der Nebennierenrinde. Sie regulieren den Kohlenhydrat-, Fett- und Eiweißstoffwechsel sowie den Wasser- und Elektrolythaushalt. Weiterhin wirken sie auf das Herz-Kreislauf- und das zentrale Nervensystem und besitzen eine entzündungshemmende Wirkung. Die Verabreichung von Dexamethason an Lebensmittel liefernde Tiere ist zu therapeutischen Zwecken erlaubt, z. B. zur Behandlung von entzündlichen und den Stoffwechsel betreffenden Krankheiten. Aufgrund seiner wachstumsfördernden Wirkung kann Dexamethason illegal in der Tiermast eingesetzt werden, z. B. bei Mastkälbern durch Zugabe in den Milchersatz oder Injektion. Dexamethason bewirkt eine Erhöhung des Wasseranteils im Fleisch und ein damit verbundenes höheres Gewicht. Weiterhin wirkt es appetitfördernd. Dexamethason wurde außerdem illegal in Kombination mit β-Agonisten (z. B. Clenbuterol) eingesetzt, da es deren wachstumsfördernde Wirkung in synergistischer Weise unterstützt.

Als weitere synthetische Glucocorticoide dieser Gruppe sind Prednisolon, Methylprednisolon und Betamethason zu nennen.

Ebenfalls dieser Gruppe zugeordnet sind sonstige Ektoparasitika wie Amitraz und Cymiazol. Beide Mittel sind wirksam gegen die Varroa-Milbe, dem Auslöser der Bienenseuche Varroose. Amitraz ist jedoch als Wirkstoff nicht für diesen Anwendungsbereich zugelassen; für Cymiazol wurde keine Rückstandshöchstmenge für Honig festgelegt, weshalb der Stoff nicht in die Anhänge der Verordnung (EWG) Nr. 2377/90 bzw. Verordnung (EU) Nr. 37/2010 aufgenommen wurde. Er darf daher auch nicht angewendet werden.

Nikotin ist das Hauptalkaloid der Tabakpflanze, das aber auch in geringen Gehalten in Nachtschattengewächsen wie Kartoffeln, Tomaten und Auberginen oder in anderen Pflanzen wie Blumenkohl vorkommt. Nikotin kann ebenso synthetisch hergestellt werden. Dieses so genannte Rohnikotin wurde als Schädlingsbekämpfungsmittel in Landwirtschaft und Gartenbau sowie als Desinfektionsmittel eingesetzt. Seit dem Inkrafttreten der Verordnung (EG) Nr. 2032/2003 sind nikotinhaltige Desinfektionsmittel nicht verkehrsfähig.

Nikotin wird nach oraler, inhalativer oder perkutaner Aufnahme in den Körper in allen Geweben verteilt. Einer der wichtigsten Metaboliten dieses intensiven Stoffwechsels ist Cotinin.

Nikotin ist ein starkes Gift. Es hemmt die nervale Erregungsübertragung und kann durch Lähmung der Lunge zum Ersticken führen. Geringere Dosen bewirken Blutgefäßverengungen und daraus resultierenden Bluthochdruck, die Gefahr von Thrombosen und Schlaganfällen steigt.

B 3 Andere Stoffe und Kontaminanten

B 3 a) Organische Chlorverbindungen einschl. PCB

In dieser Gruppe sind unter anderem Stoffe wie Dioxine oder chlorierte Kohlenwasserstoffe wie beispielsweise PCB, DDE, DDT, HCH, Lindan und HCB und zusammengefasst.

Als Dioxine bezeichnet man im allgemeinen Sprachgebrauch eine Gruppe von chlorierten organischen Verbindungen, deren Grundstruktur aus Benzolringen mit zwei oder mehr Sauerstoffatomen besteht. Dioxine entstehen als unerwünschte Nebenprodukte in Verbrennungsprozessen, bei denen Spuren von Chlor und Brom vorhanden sind, weiterhin bei verschiedenen industriellen Prozessen, z. B. der Chlorbleichung in der Papierindustrie, bei der Herstellung bestimmter chlorierter Kohlenwasserstoffe (PCP, PCB) oder bei der Produktion von Pflanzenschutzmitteln. Traurige Berühmtheit erlangte das 2,3,6,7-Tetrachlor-benzodioxin im Jahr 1976 als Seveso-Gift. Dioxine wirken immuntoxisch, teratogen und kanzerogen. Sie rufen Leber- und Hautschädigungen (Chlorakne, Hyperkeratose) hervor. Dioxine persistieren lange in der Umwelt. Sie reichern sich besonders in Böden, aber auch in Gewässern und Pflanzen an und gelangen so in die Nahrungskette von Mensch und Tier. Aufgrund ihrer Fettlöslichkeit lagern sich Dioxine vor allem im Fettgewebe ab.

Polychlorierte Biphenyle (PCB) fanden weltweit eine breite Anwendung, z. B. in Transformatoren und Kondensatoren, in Hydraulikflüssigkeiten und als Weichmacher in Lacken, Kunststoffen und zum Imprägnieren von Verpackungsmaterial. Seit 1989 gibt es ein vollständiges Verkehrs- und Anwendungsverbot. PCB wirken immunsuppressiv, fetotoxisch und rufen Schädigungen der Leber und des peripheren Nervensystems hervor.

Die Insektizide Endrin, DDT, Lindan und andere Isomere wie Beta-Hexachlorcyclohexan (β-HCH) weisen ebenfalls eine lange Persistenz in der Umwelt auf und können sich über den beschriebenen Eintragsweg im tierischen Gewebe anreichern.

Endrin wirkt als starkes Nervengift, die anderen Stoffe stehen im Verdacht, kanzerogen auf den Menschen zu wirken. DDT, das über Jahrzehnte weltweit meistverwendete Insektizid, hat vermutlich auch genotoxische Eigenschaften. Seit dem Jahre 2004 ist die Herstellung und Verwendung von Endrin weltweit verboten. DDT darf unter bestimmten, eingeschränkten Bedingungen noch zur Bekämpfung von krankheitsübertragenden Insekten, insbesondere der Malariaüberträger, verwendet werden. Die Verwendung von Lindan ist ebenfalls strikt reglementiert.

DDE und DDD fallen als Nebenprodukte bei der DDT-Herstellung an, DDE ist aber auch das Hauptumwandlungsprodukt von DDT. Es ist weniger toxisch als DDT, jedoch wurden im Tierversuch auch mutagene und kanzerogene Effekte nachgewiesen.

Hexachlorbenzol (HCB) wurde früher als Pflanzenschutzmittel vor allem gegen Pilzerkrankungen bei Getreide eingesetzt. Aufgrund verschiedener schwerwiegender Erkrankungen, die durch die Aufnahme des Stoffes über belastete Nahrungsmittel ausgelöst wurden, ist HCB inzwischen weltweit verboten.

B 3 b) Organische Phosphorverbindungen
Organische Phosphorverbindungen sind Ester der Phosphorsäure, Phosphonsäure oder Dithiophosphorsäure. Organische Phosphorsäureester sind vorwiegend als Pflanzenschutz- und Schädlingsbekämpfungsmittel (Pestizide) in der Anwendung. Expositionen treten hauptsächlich bei den Pestizidherstellern und bei den Anwendern der Pestizide in der Landwirtschaft, Forstwirtschaft, Schädlingsbekämpfung sowie im Gartenbau auf. Organophosphate werden auch als chemische Kampfstoffe (Soman, Sarin, Tabun, VX) eingesetzt. Die Symptome sind vielfältig. Dosis- und stoffabhängig können beispielsweise Übelkeit, Erbrechen, Diarrhöen, Kopfschmerzen und Schwindelgefühl, Muskelkrämpfe, Lähmungen, Herzrhythmusstörungen und Atem- und Kreislaufdepression auftreten.

B 3 c) Chemische Elemente
Schwermetalle, wie Blei, Cadmium und Quecksilber, können aus der Umwelt in die Lebensmittel gelangen.

Cadmium (griechisch: cadmeia = Zinkerz) wurde 1817 von Stromeyer im Zinkoxid entdeckt. Als natürlicher Bestandteil der Erdkruste kommt Cadmium in geringen Konzentrationen in Böden vor. Metallisches Cadmium wird zur Herstellung von Korrosionsschutz für Eisen und andere Metalle verwendet. Cadmiumverbindungen werden als Stabilisierungsmittel für Kunststoffe und als Pigmente eingesetzt. Nach Anwendungsbeschränkungen für die genannten Verwendungszwecke wird Cadmium heute überwiegend in der Batterieherstellung verwendet. Die ubiquitäre Verteilung von Cadmium in der Umwelt ist eine Folge der Emission aus Industrieanlagen, insbesondere Zinkhütten, Eisen- und Stahlwerken, aber auch aus Müllverbrennungsanlagen und Braunkohlekraftwerken. Cadmium wird von Pflanzen über die Wurzeln aus dem Boden aufgenommen und gelangt über die Nahrungskette in den menschlichen und tierischen Organismus. Dort reichert es sich wegen der langen Halbwertszeit besonders stark in Rinder- und Schweinenieren sowie in der Muskulatur von großen Raubfischen (z. B. Butterfisch, Hai oder Schwertfisch) an. Je älter die Tiere sind, umso stärker ist deren potentielle diesbezügliche Belastung. Bei andauernder Cadmium-Belastung kann es zu Nierenschäden und in besonderen Fällen zu Knochenveränderungen (Itai-Itai-Krankheit) kommen. Cadmium und seine Verbindungen sind als Krebs erzeugend klassifiziert.

Blei und seine Verbindungen gehören zu den starken Umweltgiften. Es wird vermutet, dass das meiste Blei in Kläranlagen aus Abschwemmungen von Straßen und Dächern stammt. Blei akkumuliert sich wie andere Schwermetalle in Klärschlämmen, Sedimenten, aber auch in Lebewesen und wird so zum Umweltrisiko. Überschreitungen des Grenzwertes von Blei in Trinkwasser können in Altbauten auftreten, in denen das Trinkwasser noch durch Blei-Rohre geleitet wird. Blei wird u. a. zur Herstellung von Autobatterien und von Kabelhüllen gebraucht. Es kann bei sehr hohen Belastungen das Nervensystem und die Blutbildung beeinträchtigen. Früher wurden Bleiverbindungen auch als Zusatz im Benzin benötigt (zur Erhöhung der Klopffestigkeit), wo es über die Abgase an die Luft abgegeben wurde.

Quecksilber ist ein bei Zimmertemperatur flüssiges Metall. Es findet u. a. Verwendung in Thermometern, Batterien, Schaltern, Leuchtstofflampen und in der Zahnmedizin zur Herstellung von Amalgam. Quecksilber gelangt vor allem durch Industrieemissionen in die Umwelt (z. B. durch Verbrennung von Kohle, Heizöl und Müll, Verhüttung sowie industrieller Verbrauch). Früher wurden organische Quecksilber-Verbindungen (Methyl-Quecksilber) aufgrund ihrer fungiziden Wirkung zum Beizen von Saatgut oder als Holzschutzmittel verwendet. Organische Quecksilber-Verbindungen entstehen aber auch in verunreinigten Gewässern durch bakterielle Umwandlung (Methylierung) aus anorganischen Quecksilber-Verbindungen. Methyl-Quecksilber ist fettlöslich und reichert sich im Organismus an. Besonders betroffen sind ältere Tiere oder Raubfische, die am Ende der Nahrungskette stehen. Chronische Quecksilbervergiftungen können zu Nierenschäden, Ataxien, Lähmungen bis hin zum Tode führen.

Kupfer als Spurenelement ist Bestandteil zahlreicher wichtiger Enzyme. Es ist notwendig für das blutbildende System sowie für die Bildung von Knochensubstanz und Bindegewebe. Kupfer ist daher als Futtermittelzusatzstoff in der Tierernährung zugelassen. Kupfer fungiert aber auch als Eisenkonkurrent und bewirkt die Erhaltung einer hellen Fleischfarbe, weshalb es in der Vergangenheit zur Kälbermast eingesetzt wurde und möglicherweise immer noch wird. Auch werden ihm leistungsfördernde Effekte zugeschrieben.

In der Landwirtschaft werden zudem kupferhaltige Fungizide und Pestizide eingesetzt. Für Rückstände aus einer Pestizidanwendung sind daher Höchstwerte nach der Verordnung (EG) Nr. 396/2005 für Kupfer in tierischen Geweben festgelegt. Die zuständigen Behörden müssen demzufolge bei einer Überschreitung des Rückstandshöchstwerts Verfolgsuntersuchungen anstellen, um den Eintrag des Kupfers zu ermitteln.

B 3 d) Mykotoxine

Mykotoxine (Schimmelpilzgifte) sind Stoffwechselprodukte verschiedener Pilze, die bei Menschen und Tieren bereits in geringsten Mengen zu Vergiftungen führen können. Die Belastung des Menschen geht hauptsächlich auf kontaminierte Lebensmittel zurück. Alle verschimmelten Nahrungsmittel können Mykotoxine enthalten. Die Kontamination kann primär bereits auf dem Feld (z. B. Mutterkorn auf Roggen, Weizen, Gerste) oder sekundär durch Schimmelbildung auf lagernden Lebensmitteln erfolgen (z. B. *Aspergillus* spp.). Nutztiere können ebenfalls verschimmelte Futtermittel aufnehmen. Die enthaltenen Mykotoxine können in verschiedenen Organen abgelagert oder ausgeschieden werden. Auf diese Weise können Lebensmittel tierischer Herkunft (Fleisch, Eier, Milch, Milchprodukte) Mykotoxine enthalten, ohne dass das Produkt selbst verschimmelt ist (VIS Bayern, 2008). Mykotoxine sind weitgehend hitzestabil und werden daher auch bei Verarbeitungsschritten in der Regel nicht zerstört. Am häufigsten belastet mit Fusarientoxinen, also Deoxynivalenol (DON) und Zearalenon (ZON) sind Zerealien (hier insbesondere Mais und Weizen). Ochratoxin A (das häufigste und wichtigste der Ochratoxine) kommt vor allem in Getreide, Hülsenfrüchten, Kaffee, Bier, Traubensaft, Rosinen und Wein, Kakaoprodukten, Nüssen und Gewürzen vor. Die Wirkung der Mykotoxine kann, abhängig von der Toxinart, akut und chronisch toxisch sein. Eine akute Vergiftung bei Mensch und Tieren äußert sich z. B. durch Schädigung des zentralen Nervensystems, durch Schäden an Leber, Nieren, Haut und Schleimhaut sowie Beeinträchtigung des Immunsystems. Toxinmengen, die keine akuten Krankheitssymptome auslösen, können karzinogen und teratogen wirken sowie Erbschäden hervorrufen.

B 3 e) Farbstoffe

Malachitgrün [4,4'-Bis(dimethylamino)trityliumchlorid] ist ein blaugrüner Triphenylmethanfarbstoff, der erstmals 1877 hergestellt wurde. Weitere Bezeichnungen sind Basic Green, Diamantgrün und Viktoriagrün. Seit 1936 wird Malachitgrün in der Aquakultur weltweit als Tierarzneimittel zur Vorbeugung und Bekämpfung von Parasiten (Pilze, Bakterien und tierische Einzeller) eingesetzt. Malachitgrün wird vom Fisch rasch aus dem Wasser aufgenommen und überwiegend zum farblosen Leukomalachitgrün reduziert, das sich im Fischgewebe anreichert. Abhängig von Dosierung, Verdünnung durch das Wachstum der Fische und deren Fettgehalt ist Leukomalachitgrün im Fischgewebe bis zu einem Jahr und länger nachweisbar. Malachitgrün und Leukomalachitgrün stehen im Verdacht, eine erbgutverändernde und fruchtschädigende Wirkung zu haben sowie möglicherweise auch krebserregend zu sein. Malachitgrün ist daher in der EU als Tierarzneimittelwirkstoff für Lebensmittel liefernde Tiere nicht zugelassen.

Aufgrund der geringen Kosten, der leichten Verfügbarkeit und hohen Wirksamkeit sowie des Fehlens geeigneter Ersatzstoffe wird Malachitgrün trotz des Verbots weiterhin angewendet. Neben den positiven Befunden bei Forellen und Karpfen im Rahmen des NRKP häufen sich in den letzten Jahren im EU-Schnellwarnsystem Meldungen aus andern Mitgliedstaaten und Drittländern über den Nachweis von Malachitgrün und Leukomalachitgrün, insbesondere bei Aal und Pangasius. Zur Gruppe der Triphenylmethanfarbstoffe zählen ebenfalls Kristallviolett und Brillantgrün. Sie sind gegen Pilze und Parasiten wirksam, aber ebenfalls in der EU nicht als Tierarzneimittelwirkstoffe für Lebensmittel liefernde Tiere zugelassen.

B 3 f) Sonstige

N,N-Diethyl-m-toluamid (DEET) ist ein Insektizid mit einem breiten Wirkungsspektrum auf saugende und stechende Insekten. Es wurde ursprünglich für amerikanische Soldaten entwickelt. Der Wirkstoff ist in Insektenabwehrmitteln enthalten, die auf die Haut oder Kleidung aufgetragen werden. DEET kann bei Kindern Enzephalopathien verursachen und darf daher bei Kindern unter zwei Jahren sowie bei Schwangeren nicht angewendet werden.

Bis 2006 befand sich ein DEET-haltiges Bienenabwehrspray im Handel, welches durch einige Imker anstelle des Rauchs eingesetzt wurde. Auf diesem Weg gelangte DEET in den Honig, der dadurch nicht mehr verkehrsfähig war.

Weitere Parameter

Im Rahmen des EÜPs werden Sendungen seit 2010 auch auf mikrobiologische Parameter, Histamin, Parasiten, Radioaktivität, Zusatzstoffe, GVO, marine Biotoxine und andere warenspezifische Parameter untersucht.

2.1.4.3 Untersuchungshäufigkeit

Die o. g. europäischen und nationalen Rechtsvorschriften legen für den NRKP einen prozentualen Anteil an Untersuchungen, bezogen auf die Schlachtzahlen bzw. die Jahresproduktion des Vorjahres, bzw. bei Wild eine Mindestprobenzahl fest. Daraus ergibt sich folgende jährliche Untersuchungshäufigkeit:

* jedes 250. geschlachtete Rind,
* jedes 2.000. geschlachtete Schwein und Schaf,
* nach Erfordernis Pferde,
* von Geflügel – eine Probe je 200 Tonnen Jahresproduktion,
* von Aquakulturen – eine Probe je 100 Tonnen Jahresproduktion,
* bei Kaninchen und Honig – eine Probe je 30 Tonnen Schlachtgewicht bzw. Jahreserzeugung für die ersten 3.000 Tonnen und darüber hinaus eine Probe je weitere 300 Tonnen,
* von Wild und Zuchtwild jeweils mindestens 100 Proben,
* von Milch eine Probe je 15.000 Tonnen,
* bei Eiern eine Probe je 1.000 Tonnen Jahresproduktion.

Nach den Vorgaben der Verordnung zur Regelung bestimmter Fragen der amtlichen Überwachung des Herstellens, Behandelns und Inverkehrbringens von Lebensmitteln tierischen Ursprungs (Tierische Lebensmittel-Überwachungsverordnung) sind bei mindestens zwei Prozent aller gewerblich geschlachteten Kälber und mindestens 0,5 Prozent aller sonstigen gewerblich geschlachteten Huftiere amtliche Proben zu entnehmen und auf Rückstände zu untersuchen. Die Probenzahlen, die sich aus der Umsetzung der Richtlinie 96/23/EG ergeben, werden angerechnet.

Bei der Festlegung der Untersuchungszahlen nach EÜP sollten ab 2010 mindestens vier Prozent aller Sendungen von Lebensmitteln tierischer Herkunft auf Rückstände aus den Stoffgruppen des Anhang I der Richtlinie 96/23/EG untersucht werden (bisher waren es zwei Prozent). Es ist dann jedoch für eine Grenzkontrollstelle möglich, die Untersuchungsfrequenz im Bereich der Rückstandsuntersuchung auf zwei Prozent zu reduzieren, sofern eine entsprechende Risikobewertung auf Grundlage eigener Laborergebnisse sowie anderer Informationsquellen, beispielsweise Laborergebnisse anderer Grenzkontrollstellen oder Meldungen aus dem Europäischen Schnellwarnsystem, es gestattet, eine geringere Untersuchungshäufigkeit für bestimmte Produkte anzusetzen.

2.1.4.4 Matrizes

Die Rückstandsuntersuchungen nach dem NRKP werden in den verschiedensten tierischen Geweben bzw. in den Primärerzeugnissen vorgenommen. Als Matrix kommen in Frage:

Urin	Muskel (auch Injektionsstelle)	Futtermittel
Kot	Fett	Tränkwasser
Blut	Haut mit Fett	Milch
Galle	Augen	Honig
Leber	Haare	Eier
Niere	Federn	

Für die zu untersuchenden Stoffe sind verschiedene Matrizes im Rückstandskontrollplan festgelegt. Es werden die Matrizes ausgewählt, in denen sich der fragliche Stoff am stärksten anreichert, in denen er lange nachweisbar und stabil ist. Bei den Matrizes, für die Höchstmengen festgelegt wurden, werden diese verwendet. Außerdem müssen die Matrizes entnehmbar sein. So kommen z. B. beim lebenden Tier nicht alle Matrizes in Frage.

Bei Einfuhruntersuchungen kann nicht immer auf Primärerzeugnisse zurückgegriffen werden, so dass hier von Lebensmittel liefernden Tieren neben Fleisch auch Fleisch-Zubereitungen und Fleisch-Erzeugnisse geprüft werden. Außerdem werden Gelatine und Kollagen, Milch und Milcherzeugnisse, Tiere der Aquakultur (einschließlich Shrimps), Fischereierzeugnisse, lebende Muscheln, Eier und Eiprodukte, Honig sowie Därme untersucht.

2.1.4.5 Probenahme

Für die Entnahme der Proben sind matrixspezifisch Proben und Mengen festgelegt. Es wird eine Probe entnommen, die in A- und B- Probe geteilt und getrennt verpackt wird. Die A-Probe dient der sofortigen Aufarbeitung und Analyse im Labor, die B-Probe als Laborsicherungsprobe zur Bestätigung eines positiven Rückstandsbefundes in der A-Probe. Bei der Verpackung, dem Transport und der Aufbewahrung der Proben sind einige Grundsätze zu beachten: Die Probenverpackung muss so beschaffen sein, dass ein Zersetzen, Auslaufen oder Verschmutzen (Kreuzkontamination) der Probe verhindert wird. Blutproben sind zur Plasmagewinnung sofort mit einem Antikoagulanz (z. B. Heparin) zu versetzen.

Jede Probe ist sofort nach Entnahme so zu kennzeichnen, dass ihre zweifelsfreie Identität gesichert ist. Die Zusammengehörigkeit von Teilproben eines Probensatzes oder von Unterproben (Probe A und B) muss gewährleistet sein. A- bzw. B-Proben sind als solche zu kennzeichnen. Die Probenbehältnisse sind amtlich zu versiegeln.

Die Proben sind – mit Ausnahme von Haaren, Federn, Honig und Futtermitteln – sofort auf 2 bis 7 °C zu kühlen. Nach erfolgter Vorkühlung sind sie, in geeigneten Transportbehältern verpackt, bei 2 bis 7 °C möglichst direkt ohne Zwischenlagerung zur Untersuchungseinrichtung zu transportieren.

Die Proben sind spätestens 36 Stunden, die Blutproben sofort nach der Entnahme an die Untersuchungseinrichtung zu übergeben. Proben, die nicht innerhalb von 36 Stunden an die Untersuchungseinrichtung übergeben werden können, sind sofort auf –18 bis –30 °C tiefzugefrieren. Auf dem Transport muss die Einhaltung der Gefriertemperatur gewährleistet sein.

Blutproben sind auf keinen Fall tiefzugefrieren. Bei diesen besteht die Möglichkeit, das Plasma zu gewinnen und dieses dann tiefzugefrieren. Proben, mit denen ein biologischer Hemmstofftest durchgeführt wird, dürfen ebenfalls nicht tiefgefroren werden, sondern sind sofort gekühlt dem Untersuchungsamt zuzuleiten. Die Übersendung tiefgefrorener Proben an die Untersuchungseinrichtung sollte spätestens nach einer Woche erfolgen.

Alle Proben werden durch ein Probenahmeprotokoll für das Labor begleitet. Falls das eingesandte Probenmaterial für die Untersuchung nicht geeignet sein sollte (Beschädigung der Probengefäße, Kontamination, Verderbnis, zu geringe Menge, falsche oder fehlerhafte Matrizes u. Ä.) muss die Probe erneut angefordert werden. Die nicht sofort für die Untersuchung benötigten B-Proben (Laborsicherungsproben) sind im Labor einzulagern. Je nach Untersuchungsmaterial erfolgt die Lagerung meist tiefgefroren bei –20 bis –30 °C. Honig und Trocken-Futtermittel, Haare und Federn werden ungekühlt und Blutplasma gekühlt bei 2 bis 7°C gelagert. Die Lagerdauer liegt i. d. R. bei vier bis sechs Monaten.

2.1.4.6 Analytik

In der Rückstandsanalytik werden verschiedenen Methoden angewandt. Dabei ist zwischen Screening- und Bestätigungsmethoden zu unterscheiden.

Screeningmethoden werden i. d. R. zum qualitativen Nachweis eines Stoffes eingesetzt. Sie weisen das Vorhandensein eines Stoffes oder einer Stoffklasse in interessierenden Konzentrationen nach. Falsch negative Ergebnisse sollten ausgeschlossen sein. Screeningmethoden ermöglichen einen hohen Probendurchsatz und werden eingesetzt, um große Probenzahlen möglichst kostengünstig auf mögliche positive Ergebnisse zu prüfen.

Unter Bestätigungsmethoden versteht man Methoden, die geeignet sind, einen in der Probe vorhandenen Stoff eindeutig zu identifizieren und falls erforderlich seine Konzentration zu quantifizieren. Falsch positive Ergebnisse sollten vermieden werden, falsch negative Ergebnisse sollten ausgeschlossen sein.

Bei den angewendeten Bestätigungs- und Screeningmethoden sind die Vorgaben der Entscheidung 2002/657/EG und der Norm DIN EN ISO 17025 zu beachten. Die zu verwendenden Screening- und Bestätigungsmethoden sind für die jeweiligen Stoffe und Matrizes im Rückstandskontrollplan enthalten.

Eine häufig angewandte Screeningmethode ist der so genannte „Dreiplattentest". Er dient dem Nachweis von Hemmstoffen (der Ausdruck bezieht sich auf das Wachstum des Testkeims), insbesondere von Antibiotika und Chemotherapeutika. Als Testkeim wird Bacillus subtilis verwendet. Seine Sporen sind in ein Testsystem/Nährmedium eingebracht. Wird eine Probe, die beispielsweise antibiotisch wirksame Stoffe enthält, auf dieses Testsystem gelegt, so diffundieren diese in das Nährmedium. Dadurch wird der Testkeim in der Umgebung der Probe in seinem Wachstum behindert, es entsteht eine Hemmzone.

Eine weitere gängige Screeningmethode ist der ELISA (Enzyme Linked Immunosorbent Assay). Das Grundprinzip beruht auf einer enzymmarkierten und -katalysierten Antigen-Antikörper-Reaktion, die gemessen wird. Je nach Form des ELISA ist die zu analysierende Substanz ein Antigen oder ein Antikörper.

Häufig eingesetzte Bestätigungsmethoden, die auch als Screeningmethoden genutzt werden können, sind GC-MS und LC-MS. Unter GC-MS versteht man die Kopplung eines Gas-Chromatographiegerätes (GC) mit einem Massenspektrometer (MS). Dabei dient das GC zur Auftrennung des zu untersuchenden Stoffgemisches und das MS zur Identifizierung und gegebenenfalls auch Quantifizierung der einzelnen Komponenten. Im GC wird die in Lösungsmittel gelöste Probe verdampft und mittels eines Trägergases durch eine Trennsäule geleitet, die eine stationäre Phase enthält. Die Trennung der Stoffe erfolgt durch Wechselwirkungen der zu analysierenden Analyten mit der stationären Phase. Da die einzelnen Stoffe unterschiedlich stark an der stationären Phase gebunden und wieder abgelöst werden, verlassen sie die Trennsäule zu unterschiedlichen Zeiten (Retentionszeiten). Im MS wird die Häufigkeit bestimmt, mit der einzelne Ionen auftreten. Durch die Messung erhält man ein Ionenmuster. Dieses Muster erlaubt sowohl eine Identifizierung der Stoffe als auch eine quantitative Bestimmung. Das LC-MS bedient sich eines ähnlichen Prinzips. Die Auftrennung erfolgt mittels Flüssigchromatographie (LC), die Identifizierung und Quantifizierung wiederum mittels MS. Bei der LC fungiert eine Flüssigkeit als mobile Phase, als stationäre Phase dient ein Feststoff oder eine Flüssigkeit. Die flüssige Probe wandert an der stationären Phase entlang. Die Trennung erfolgt wiederum durch Wechselwirkungen der zu analysierenden Analyten mit der stationären Phase. Mit dem MS erfolgen die Identifizierung und quantitative Bestimmung. In den letzten fünf Jahren wurden die einfachen MS-Detektoren durch MS/MS-Detektoren ersetzt. Diese verfügen über eine wesentlich bessere Spezifität und Sensitivität.

2.1.4.7 Höchstgehalt/Höchstmenge

Höchstgehalte sind in der EU-Gesetzgebung festgeschriebene, höchstzulässige Mengen für Pflanzenschutzmittelrückstände und Kontaminanten in oder auf Lebensmitteln, die beim gewerbsmäßigen Inverkehrbringen nicht überschritten werden dürfen. Sie werden unter Zugrundelegung strenger international anerkannter wissenschaftlicher Maßstäbe so niedrig wie möglich und niemals höher als toxikologisch vertretbar festgesetzt.

Der gleichbedeutende Begriff Höchstmenge wird in der EU- und nationalen Gesetzgebung in verschiedenen Verordnungen, z. B. in der Verordnung (EWG) Nr. 2377/90 (inzwischen aufgehoben durch die Verordnung (EG) Nr. 470/2009 in Verbindung mit der Verordnung (EU) Nr. 37/2010), für die rechtliche Bewertung von Tierarzneimittelrückständen und in der nationalen Rückstands-Höchstmengenverordnung (RHmV) für die rechtliche Regelung von Rückständen von Pflanzenschutzmitteln verwendet. Beide Begriffe können demnach verwendet werden, wobei der Begriff Höchstgehalt präziser ist, da es sich nicht um eine Mengenangabe handelt, sondern um einen bestimmten Wert (Gehalt).

2.1.5 Maßnahmen für Tiere oder Erzeugnisse, bei denen Rückstände festgestellt wurden

Maßnahmen nach positiven Rückstandsbefunden im Rahmen des NRKP

Als positiver Rückstandsbefund gilt bei als Tierarzneimittel zugelassenen Stoffen und Kontaminanten ein mit einer Bestätigungsmethode abgesicherter quantitativer Befund, bei dem eine Überschreitung von festgelegten Höchstmengen vorliegt. Bei verbotenen und nicht als Tierarzneimittel zugelassenen Stoffen ist ein Befund als positiv zu bewerten, wenn er qualitativ und quantitativ mit einer Bestätigungsmethode abgesichert wurde. Derartige Lebensmittel werden beanstandet und dürfen nicht mehr in den Verkehr gebracht werden.

Die für die Lebensmittel- bzw. Veterinärüberwachung zuständigen Behörden der Länder leiten verschiedene, im Folgenden aufgeführte Maßnahmen zum Schutz der Verbraucher und zur Ursachenfindung ein: **(a)** Tierkörper und Nebenprodukte werden gegebenenfalls als untauglich für den menschlichen Verzehr beurteilt. **(b)** Durch die zuständige Überwachungsbehörde erfolgen Vor-Ort-Überprüfungen im Herkunftsbetrieb, um die Ursachen der Rückstandsbelastung festzustellen. Diese Kontrollen beinhalten die Überprüfung von Aufzeichnungen und ggf. zusätzliche Probenahmen. Es kann weiterhin eine verstärkte Kontrolle und Probenahme im Herkunftsbetrieb für einen längeren Zeitraum angeordnet werden. **(c)** Bei einem begründeten Verdacht auf Vorliegen eines positiven Rückstandsbefundes kann die Abgabe oder Beförderung zur Schlachtung versagt werden. Ebenso ist ein Versagen der Schlachterlaubnis möglich. **(d)** Für Tiere, bei denen Rückstände von verbotenen bzw. nicht zugelassenen Stoffen nachgewiesen wurden, kann die Tötung angeordnet werden. **(e)** Gegen den Verantwortlichen des Herkunftsbetriebes kann Strafanzeige gestellt werden. **(f)** Auffällige Betriebe unterstehen der verstärkten Kontrolle. **(g)** Die Möglichkeit, EU-Zuschüsse zu erhalten oder zu beantragen, kann versagt werden.

Maßnahmen nach positiven Rückstandsbefunden im Rahmen des EÜP

Maßnahmen nach positiven Rückstandsbefunden sind in der Lebensmitteleinfuhr-Verordnung (LMEV) festgelegt. Wurde demnach bei Lebensmitteln tierischen Ursprungs eine Überschreitung festgesetzter Höchstgehalte an Rückständen von Stoffen mit pharmakologischer Wirkung oder von anderen Stoffen, die die menschliche Gesundheit beeinträchtigen können, oder wurden Rückstände verbotener Stoffe mit pharmakologischer Wirkung oder deren Umwandlungsprodukte festgestellt, hat die für die Grenzkontrollstelle zuständige Behörde bei der Einfuhruntersuchung bei den folgenden Sendungen lebender Tiere oder Lebensmittel tierischen Ursprungs desselben Ursprungs oder derselben Herkunft verstärkte Kontrollen vorzunehmen.

Eine verstärkte Überwachung wird ebenfalls durchgeführt nach Meldungen aus dem Europäischen Schnellwarnsystem oder im Rahmen von sogenannten Schutzklauselentscheidungen der Kommission.

Im Falle eines Verdachtes wird eine Sendung beschlagnahmt, bis das Ergebnis vorliegt. Die beanstandeten Erzeugnisse werden an der Grenze zurückgewiesen oder auch vernichtet. Sollte bereits eine Verteilung auf dem europäischen Markt erfolgt sein, wird die Sendung zurückgerufen. Bei einer Zurückweisung ist sicherzustellen, dass die Sendung nicht über eine andere Grenzkontrollstelle wieder in die Europäische Union eingeführt wird.

Über im Rahmen der Einfuhruntersuchung beanstandete Lebensmittel werden die anderen Mitgliedstaaten und die Europäische Kommission über entsprechende Meldungen im Europäischen Schnellwarnsystem informiert.

Die Europäische Kommission berücksichtigt die Ergebnisse der Einfuhruntersuchung bei ggf. einzuleitenden Schutzmaßnahmen gegenüber Drittländern.

2.2
Ergebnisse des NRKP 2010

2.2.1 Überblick über die Rückstandsuntersuchungen des NRKP im Jahr 2010

Im Jahr 2010 wurden in Deutschland 594.186 Untersuchungen an 55.883 Proben von Tieren oder tierischen Erzeugnissen durchgeführt. Die Herkunft der Proben gliedert sich wie in Tabelle 2-2 dargestellt.

Insgesamt ist auf 744 Stoffe geprüft worden, wobei jede Probe auf bestimmte Stoffe dieser Stoffpalette untersucht wurde.

Tab. 2-2 NRKP, Verteilung der Probenzahlen auf die einzelnen Länder

Herkunft	Anzahl Proben
Deutschland	55.197
Niederlande	363
Dänemark	73
Tschechische Republik	65
Polen	54
Frankreich	54
Belgien	41
Österreich	20
Luxemburg	6
Rumänien	6
Schweden	2
Slowakei	1
Italien	1

Zu den genannten Untersuchungs- bzw. Probenzahlen kommen Proben von fast 264.000 Tieren hinzu, die mittels einer Screeningmethode, dem so genannten Dreiplattentest, auf Hemmstoffe untersucht wurden.

Die Anzahl der Proben untersuchter Tiere und tierischer Erzeugnisse im Einzelnen ist der Tabelle 2-3 zu entnehmen.

2.2.2 Positive Rückstandsbefunde des NRKP 2010 im Einzelnen

Im Jahr 2010 war der Prozentsatz der ermittelten positiven Rückstandsbefunde mit 0,73 % im Vergleich zum Vorjahr etwas höher. Im Jahr 2009 waren 0,45 % und im Jahr 2008 waren 0,40 % der untersuchten Planproben mit Rückständen oberhalb der zulässigen Höchstgehalte bzw. mit nicht zugelassenen oder verbotenen Stoffen belastet.

2.2.2.1 Rinder

Im Jahr 2010 wurden Proben von 1.588 Kälbern, 10.608 Rindern und 2.647 Kühen getestet. Von diesen insgesamt 14.843 Rinderproben wurden 8.230 Proben auf verbotene Stoffe mit anaboler Wirkung und auf nicht zugelassene Stoffe, 2.964 auf antibakteriell wirksame Stoffe, 4.668 auf sonstige Tierarzneimittel und

Tab. 2-3 NRKP, Anzahl der Proben untersuchter Tiere und tierischer Erzeugnisse.

Rind	Schwein	Schaf	Pferd	Geflügel	Aqua-kulturen	Kanin-chen	Wild	Milch	Eier	Honig
14.843	28.730	600	117	7.948	540	25	213	1.896	785	186
Zusätzlich mittels Hemmstofftest untersuchte Proben:										
16.192	244.572	2.971	119	37	45	30	4	–	–	–

1.429 auf Umweltkontaminanten untersucht. Die Proben wurden direkt beim Erzeuger bzw. im Schlachthof entnommen.

Insgesamt waren 2010 mit 0,55 % der untersuchten Rinder ähnlich viele positive Befunde zu verzeichnen wie im Vorjahr mit 0,39 %. Mit 1,74 % enthielten die 1.898 im Schlachthof entnommenen Proben von Kühen am häufigsten Rückstände, gefolgt von im Schlachthof entnommenen Proben von Kälbern (942) mit 0,96 % und Proben von Mastrindern aus dem Schlachthof (7.561) mit 0,48 %.

Verbotene und nicht zugelassene Stoffe

Bei einem Kalb wurden Zeranol und Taleranol im Urin mit Gehalten von 9,5 µg/kg bzw. 17 µg/kg nachgewiesen. Bei einem Mastrind wurde Zeranol im Urin mit einem Gehalt von 1,2 µg/kg ermittelt. Insgesamt wurden 564 Rinderproben auf Resorcylsäure-Lactone untersucht. Beide Stoffe sind xenobiotische (d. h. für Mensch und Tier körperfremde, da durch Pilze synthetisierte) Stoffe mit estrogenen und anabolen Eigenschaften. Aufgrund der anabolen und estrogenen Wirkung wurde Zeranol in der Tiermast zur Wachstumsförderung eingesetzt. Die Anwendung ist in der Europäischen Union aber seit 1988 verboten. Im Tierkörper können diese Stoffe auch einen natürlichen Ursprung haben. Beide werden direkt durch die Schimmelpilzgattung Fusarium oder durch die Umwandlung der Mykotoxine Zearalenon sowie alpha- und beta-Zearalenol gebildet. Eine Unterscheidung zwischen natürlich auftretendem Zeranol und Rückständen aus einer illegalen Verwendung eines Masthilfsmittels ist dadurch schwierig. Aufschluss kann hier eine differenzierte Bestimmung von Zeranol, Taleranol, Zearalenon sowie der strukturverwandten Stoffwechselprodukte alpha- und beta-Zearalenol geben. In beiden Fällen wurde anhand der Analysenergebnisse davon ausgegangen, dass im Bestand mykotoxinhaltiges Futter verfüttert wurde.

In zwei von 3.133 untersuchten Rinderproben (0,06 %) wurde das seit August 1994 bei Lebensmittel liefernden Tieren verbotene Antibiotikum Chloramphenicol nachgewiesen. In einer Muskelprobe fand man einen Gehalt von 0,98 µg/kg und in einer Plasmaprobe wurden 0,80 µg/kg ermittelt. In beiden Fällen konnte bei der Überprüfung des Betriebes die Ursache für den Befund nicht eindeutig ermittelt werden.

Bei einem von 658 untersuchten Rindern (0,15 %) wurde im Plasma Metronidazol nachgewiesen. Metronidazol gehört zur Gruppe der Nitroimidazole. Nitroimidazole sind Antibiotika, die seit 1998 bei Tieren, die der Erzeugung von Lebensmitteln dienen, verboten sind.

Tierarzneimittel

Von den 2.964 auf Stoffe mit antibakterieller Wirkung untersuchten Rinderproben enthielt eine (0,03 %) Rückstände oberhalb des gesetzlich vorgeschriebenen Höchstgehaltes. Dies entspricht nur noch einem Drittel der positiven Proben des Vorjahres (0,11 %). Nachgewiesen wurden 1.676 µg/kg Amoxicillin in den Nieren einer Kuh. Die zulässige Höchstmenge beträgt 50 µg/kg. Insgesamt wurden 469 Rinderproben (d. h. 0,21 positiv) auf Amoxicillin untersucht. Das Breitbandantibiotikum Amoxicillin gehört zur Wirkstoffgruppe der β-Lactam-Antibiotika aus der Gruppe der Penicilline.

Insgesamt wurden 4.668 Rinderproben auf sonstige Tierarzneimittel untersucht. Von den 2.493 auf Entzündungshemmer untersuchten Rinderproben waren sechs Proben (0,24 %) positiv. Im Plasma einer Kuh wurden Phenylbutazon und sein Metabolit Oxyphenbutazon in Konzentrationen von 210.000 µg/kg und 11 µg/kg nachgewiesen. Phenylbutazon wurde außerdem im Plasma von zwei Mastrindern und einem Mastkalb in Konzentrationen von 28,1 µg/kg, 42 µg/kg und 49 µg/kg gefunden. Die Anwendung von Phenylbutazon und seinem Metaboliten ist verboten. Außerdem wurde Flunixin in der Muskulatur einer Kuh mit einem Gehalt von 91,8 µg/kg und in der Niere einer Kuh Diclofenac mit einem Gehalt von 20 µg/kg ermittelt. Die Höchstgehalte liegen für Flunixin in Muskulatur bei 20 µg/kg und für Diclofenac in Niere bei 10 µg/kg.

In drei von 182 untersuchten Kühen (1,65 %) wurde Dexamethason zweimal in der Muskulatur mit Gehalten von 4,74 µg/kg und 13,7 µg/kg und einmal in der Leber mit einem Gehalt von 3,8 µg/kg gefunden. Dexamethason ist ein künstliches Glukokortikoid. Der Höchstgehalt liegt für Muskulatur bei 0,75 µg/kg und für Leber bei 2,0 µg/kg.

Kontaminanten und sonstige Stoffe

Insgesamt wurden 1.429 Proben auf Kontaminanten und sonstige Stoffe getestet. In 68 von 479 Proben (14,2 %) wurden Rückstände von chemischen Elementen oberhalb der zulässigen Höchstgehalte nachgewiesen.

Die deutlich höhere Nachweisrate hat zwei Gründe: Im Rahmen einer Pilotstudie zur Risikobewertung der Lebern und Nieren von über 24 Monate alten Rindern und Schweinen in Bezug auf deren Schwermetallbelastung wurden vermehrt Tiere dieser Altersgruppe untersucht. Außerdem wurden erstmals nach Einführung eines Höchstgehaltes auch Kupferbefunde ausgewertet.

Cadmiumbefunde

In Nieren von 17 der 164 auf Cadmium untersuchten Proben von Kühen (10,37 %) wurde Cadmium oberhalb des Höchstgehaltes mit Gehalten zwischen 1,1 mg/kg und 3,3 mg/kg (Mittelwert: 1,70 mg/kg, Median: 1,54 mg/kg) analysiert. Auch in 12 von 288 untersuchten Nieren anderer Rinder (4,17 %) wurde Cadmium mit Werten zwischen 1,07 mg/kg und 1,87 mg/kg (Mittelwert: 1,52 mg/kg, Median: 1,56 mg/kg) nachgewiesen. Der zulässige Höchstgehalt für Niere liegt bei 1 mg/kg.

Quecksilberbefunde

Bei 10 von 288 untersuchten Mastrindern (3,47 %) und sieben von 164 Kühen (4,27 %) wurden in der Niere bzw. einmal in Niere und Leber Quecksilbergehalte in einer Menge über dem zulässigen Höchstgehalt von 0,01 mg/kg nachgewiesen. Die Gehalte lagen zwischen 0,012 mg/kg und 0,061 mg/kg (Mittelwert 0,022 mg/kg, Median 0,019 mg/kg). Die Befunde wurden in der Regel an die zuständige Behörde weitergeleitet, um die Ursachen zu ermitteln. Aufgrund der geringen Gehalte wird als Ursache eine Umweltkontamination angenommen.

Kupferbefunde

Höchstgehaltsüberschreitungen gab es bei 28 Lebern von 188 untersuchten Rinderproben (14,89 %). Die Gehalte lagen zwischen 34,3 mg/kg und 374 mg/kg (Mittelwert: 139,1 mg/kg, Median: 138 mg/kg) und damit z. T. deutlich über dem für Lebern zulässigen Höchstgehalt von 30 mg/kg.

Das Spurenelement Kupfer ist Bestandteil zahlreicher wichtiger Enzyme. Kupfer ist notwendig für das blutbildende System. Kupfer fungiert u. a. auch als Eisenkonkurrent und bewirkt die Erhaltung einer hellen Fleischfarbe. Es werden ihm leistungsfördernde Effekte zugeschrieben. Seit dem 01. 09. 2008 ist für Kupfer ein Höchstgehalt nach Verordnung (EG) Nr. 396/2005 festgelegt. Da Kupfer aber auch aus zulässigen Futtermittelsupplementierungen herrühren kann, galt zu prüfen, ob erhöhte Kupfergehalte zu beanstanden sind.

Das zuständige Ministerium hat folgenden Standpunkt bezüglich der Überschreitungen des Rückstandshöchstwerts für Kupfer nach der Verordnung (EG) Nr. 396/2005 in tierischen Geweben dargelegt, wenn diese Rückstände nicht aus einer Pestizidanwendung resultieren:

Die Rückstandshöchstgehalte der Verordnung (EG) 396/2005 sind entsprechend Art 3 Abs 2 c) auf alle Lebens- und Futtermittel anzuwenden, die im Anhang I aufgeführt sind. Die Rückstandshöchstgehalte gelten für Rückstände von Pflanzenschutzmitteln (PSM) „darunter auch insbesondere die Rückstände, die von der Verwendung im Pflanzenschutz, in der Veterinärmedizin und als Biozidprodukt herrühren können". Das würde bedeuten, dass für alle Stoffe, die als Bestandteil von Pflanzenschutzmitteln verwendet werden oder wurden, die Verordnung (EG) 396/2005 gilt, es sei denn, in einem Spezialrecht gibt es strengere Regeln. Diese Stoffe, beispielsweise auch Kupfer, sind alle in der Richtlinie 91/414/EWG aufgelistet. Alle neuen Stoffe werden dort auch aufgeführt. Die Regelung im Art 3.2. c wurde gezielt so gewählt, weil der Rat der Meinung war, dass die Lebensmittelüberwachung nicht in jedem Fall ausführliche Nachforschungen anstellen kann, um die Herkunft eines Stoffes zu klären.

Fazit Rinder

Auch wenn es sich bei den Untersuchungen um zielorientierte und keine repräsentativen Probenahmen handelte, kann festgestellt werden, dass im Jahr 2010 Mastrinder weiterhin gering mit Rückständen oberhalb der Höchstgehalte bzw. mit verbotenen oder nicht zugelassenen Stoffen belastet waren. Die Ergebnisse lagen in der Regel auf ähnlichem Niveau wie im Vorjahr. Quecksilber und Cadmium oberhalb des Höchstgehaltes wird immer noch häufig in der Regel bei Tieren über zwei Jahren nachgewiesen. Die hier vorliegenden Ergebnisse sind Bestandteil einer Pilotstudie zur Risikobewertung bei Lebern und Nieren von über 24 Monate alten Rindern und Schweinen in Bezug auf deren Schwermetallbelastung. Es wird geprüft, ob diese Tiere stärker belastet sind, um ggf. geeignete Maßnahmen ergreifen zu können. Die erstmalige Auswertung der Kupferbefunde ergab eine relativ hohe Anzahl von Höchstgehaltsüberschreitungen. Da der Einsatz von Kupfer als Futterzusatzstoff aber erlaubt ist, muss ggf. die aus dem Pestizidbereich stammende Höchstmenge angepasst werden. Bezüglich der Risikobewertung für den Verbraucher wird auf die Stellungnahme des BfR verwiesen.

Da die Zeranolbefunde, soweit ermittelbar, nicht auf eine illegale Behandlung zurückzuführen waren, kann davon ausgegangen werden, dass sie aus der Fütterung von mykotoxinhaltigem Futter stammen. Laut Gutachten des wissenschaftlichen Gremiums für Kontaminanten in der Lebensmittelkette (Anfrage-Nr. EFSA-Q-2003-037) vom 28. Juli 2004 ist aufgrund der schnellen Biotransformation und Ausscheidung von Zearalenon bei allen bisher untersuchten Tierarten nicht zu erwarten, dass die sekundäre Exposition durch Rückstände des Toxins in Lebensmitteln tierischen Ursprungs (Fleisch, Milch und Eier) einen wesentlichen Beitrag zur Gesamtexposition des Verbrauchers liefert.

Aufgrund der Empfehlung der Kommission 2006/576/EG vom 17. August 2006 betreffend das Vorhandensein von Deoxynivalenol, Zearalenon, Ochratoxin A, T-2- und HT-2-Toxin sowie von Fumonisinen in zur Verfütterung an Tiere bestimmten Erzeugnissen (ABl. L 229 v. 23. 08. 2006, S. 7) wird in Deutschland seitdem jährlich von den für die Futtermittelkontrolle zuständigen Behörden eine Statuserhebung zu Mykotoxinen durchgeführt.

Im Jahr 2010 wurden insgesamt 7.272 Analysen auf Mykotoxine an 1.476 Futtermittelproben durchgeführt.

Bezogen auf die einzelnen Mykotoxine wurden nachstehende Analysen durchgeführt:

- Deoxynivalenol   1.333
- Zearalenon   1.328
- Ochratoxin A   1.250
- T-2-Toxin   1.153
- HT-2-Toxin   1.147
- Fumonisin B1 + B2   1.061

Im Anhang der o. g. Empfehlung der Kommission vom 17. August 2006 werden Richtwerte aufgeführt, welche von den Mitgliedstaaten zur Beurteilung der Eignung von Mischfuttermitteln sowie Getreide und Getreideerzeugnissen für die Verfütterung herangezogen werden sollen.

Für die Auswertung der von den Ländern übermittelten Einzeldaten wurden die Ergebnisse der einzelnen Mykotoxine auf Gruppen von Einzelfuttermitteln und Mischfuttermitteln zusammenfassend ausgewertet. Diese sind im Einzelnen: Körnermais sowie dessen Erzeugnisse und Nebenerzeugnisse, anderes Getreide sowie dessen Erzeugnisse und Nebenerzeugnisse, Grün- und Raufutter sowie andere Einzelfuttermittel und Mischfuttermittel für Ferkel, Sauen, Mastschweine, Kälber, Wiederkäuer, Geflügel und andere Mischfuttermittel.

Sofern für die betreffenden Futtermittel Richtwerte angegeben sind, wurden diese lediglich in fünf Fällen überschritten. Die Überschreitungen der Richtwerte sind der folgenden Übersicht zu entnehmen (alle Angaben in mg/kg Futtermittel bei einem Trockenmassegehalt von 88%).

Futtermittel	Messwert	Richtwert
Deoxynivalenol		
Maiskleberfutter	12,5	8
Alleinfuttermittel für Mastschweine	0,92	0,9
Ochratoxin A		
Alleinfuttermittel für Mastschweine	0,091	0,05
Ergänzungsfuttermittel für Enten	0,12	0,1
Einzelfuttermittel Gerste	0,62	0,25

Das 95. Perzentil liegt bei allen Gruppen von Einzelfuttermitteln und Mischfuttermitteln und bei allen Mykotoxinen, weit unter den festgelegten Richtwerten.

Die vorliegenden Ergebnisse wurden durch das BVL ausgewertet und an die Europäische Kommission übergeben. Die Europäische Kommission erfasst die Ergebnisse der Mitgliedstaaten in einer Datenbank, um Schlussfolgerungen zu gegebenenfalls erforderlichen weiteren Legislativmaßnahmen ziehen zu können.

2.2.2.2 Schweine

2010 wurden insgesamt 28.730 Proben von Schweinen untersucht, davon 13.247 Proben auf verbotene Stoffe mit anaboler Wirkung und auf nicht zugelassene Stoffe, 9.471 auf antibakteriell wirksame Stoffe, 11.557 auf sonstige Tierarzneimittel und 3.487 auf Umweltkontaminanten. Die Proben wurden direkt beim Erzeuger bzw. im Schlachthof entnommen.

Insgesamt enthielten 0,93 % der untersuchten Proben unzulässige Rückstandsgehalte. Im letzten Jahr waren es mit 0,41 % etwa halb so viele Positive.

Verbotene und nicht zugelassene Stoffe

Auf verbotene Stoffe mit anaboler Wirkung und auf nicht zugelassene Stoffe wurden insgesamt 13.247 Proben untersucht.

In einer von 4.746 auf Nitroimidazole untersuchten Proben (0,02 %) wurden Metronidazol und der Metabolit Metronidazol-OH im Muskel eines Mastschweins mit Gehalten von 1,57 µg/kg und 0,32 µg/kg ermittelt. Nitroimidazole sind Antibiotika, die seit 1998 bei Tieren, die der Erzeugung von Lebensmitteln dienen, verboten sind.

Tierarzneimittel

Von den 9.471 auf Stoffe mit antibakterieller Wirkung untersuchten Proben waren fünf (0,05 %) positiv. Im Jahr 2009 waren es noch 10 Proben und 0,12 %. Bei einer von 1.684 auf Aminoglycoside untersuchten Proben (0,06 %) gab es eine Höchstgehaltsüberschreitung. In der Niere wurde ein Gehalt von 1.370 µg/kg Dihydrostreptomycin nachgewiesen. Der zulässige Höchstgehalt liegt bei 1.000 µg/kg. In einer von 1.655 Proben, die auf Penicillin untersucht wurden, (0,06 %) wurde in der Niere ein Gehalt von 360 µg/kg ermittelt, der zulässige Höchstgehalt liegt bei 50 µg/kg. Beide Proben stammten aus den Niederlanden. In zwei von 3.914 Sulfonamidproben (0,05 %) wurde Sulfadiazin, einmal in der Niere ein Gehalt von 185 µg/kg und einmal in der Muskulatur ein Gehalt von 146 µg/kg ermittelt. Die zulässigen Höchstgehalte liegen bei 100 µg/kg. Bei einem von 3.450 auf Tetracyclin untersuchten Schweinen wurde mit 222 µg/kg im Muskel der zulässige Höchstgehalt von 100 µg/kg und in der Niere mit 745 mg/kg der zulässige Höchstgehalt von 600 µg/kg überschritten.

11.577 Proben wurden auf sonstige Tierarzneimittel untersucht. Hier gab es keine Beanstandungen.

Kontaminanten und sonstige Stoffe

Insgesamt 3.487 Proben wurden auf Kontaminanten und sonstige Stoffe getestet.

In 260 von 1.508 Proben (17,24 %) wurden Rückstände von chemischen Elementen oberhalb der zulässigen Höchstgehalte nachgewiesen.

Die deutlich höhere Nachweisrate hat wie bereits bei den Rindern erwähnt zwei Gründe. Im Rahmen einer Pilotstudie zur Risikobewertung der Lebern und Nieren von über 24 Monate alten Rindern und Schweinen in Bezug auf deren Schwermetallbelastung wurden vermehrt Tiere dieser Altersgruppe untersucht. Außerdem wurden erstmals nach Einführung eines Höchstgehaltes auch Kupferbefunde ausgewertet.

Cadmiumbefunde

In 22 der 1.438 auf Cadmium untersuchten Schweinenierenproben (1,53 %) wurde Cadmium oberhalb des Höchstgehaltes mit Gehalten zwischen 1,01 mg/kg und 2,55 mg/kg (Mittelwert: 1,62 mg/kg, Median: 1,42 mg/kg) analysiert. Der zulässige Höchstgehalt für Niere liegt bei 1 mg/kg. Betroffen waren ein Mastschwein, acht Zuchtschweine und 13 andere Schweine.

Quecksilberbefunde

Bei 221 von 1.488 untersuchten Schweinen (14,85 %) wurden in der Niere und/oder Leber Quecksilbergehalte über dem zulässigen Höchstgehalt von 0,01 mg/kg nachgewiesen. Die Gehalte lagen zwischen 0,011 mg/kg und 0,169 mg/kg (Mittelwert 0,033 mg/kg, Median 0,024 mg/kg).

Die Befunde verteilten sich nach Tierkategorie und Matrix wie folgt:

Mastschweine:	39 × Niere und 14 × Leber und Niere
Zuchtschweine:	27 × Niere und 18 × Leber und Niere
Ferkel:	7 × Niere und 14 × Leber
Andere Schweine:	87 × Niere und 15 × Leber und Niere

Und verteilt nach Ländern:

Deutschland:	112
Frankreich:	6
Schweden:	2
Niederlande:	1

Die Befunde wurden in der Regel an die zuständige Behörde weitergeleitet, um die Ursachen zu ermitteln. In den meisten Fällen wird als Ursache eine Umweltkontamination angenommen. Konkrete andere Ursachen konnten nicht ermittelt werden.

Kupferbefunde

Höchstgehaltsüberschreitungen gab es bei 39 von 563 untersuchten Schweineleberproben (6,93 %). Davon stammten 26 Lebern von Mastschweinen, 9 Lebern von Ferkeln und 4 Lebern von anderen Schweinen. Die Gehalte lagen zwischen 31,2 mg/kg und 239,35 mg/kg (Mittelwert: 72,43 mg/kg, Median: 58,63 mg/kg) und damit z. T. deutlich über dem für Lebern zulässigen Höchstgehalt von 30 mg/kg.

Weitere Informationen zu Kupferbefunden, sind unter „Rinder" zu finden.

Fazit Schweine

Schweine wiesen auch 2010 nur in wenigen Fällen Rückstände in unzulässiger Höhe auf. Gegenüber dem Vorjahr lag die

Anzahl positiver Befunde abgesehen von den Schwermetallbefunden auf niedrigerem Niveau. Relativ häufig sind die inneren Organe insbesondere älterer Tiere mit Quecksilber und Cadmium auch oberhalb des zulässigen Höchstgehaltes belastet (siehe hierzu auch „Fazit Rinder").

Die erstmalige Auswertung der Kupferbefunde ergab, wenn auch weniger ausgeprägt als bei den Rindern, eine vergleichsweise hohe Anzahl von Höchstgehaltsüberschreitungen (siehe auch hierzu das „Fazit Rinder").

2.2.2.3 Geflügel

Von den insgesamt 7.948 von Geflügel in 2010 untersuchten Proben wurden 4.852 Proben auf verbotene Stoffe mit anaboler Wirkung und auf nicht zugelassene Stoffe, 2.257 auf antibakteriell wirksame Stoffe, 3.228 auf sonstige Tierarzneimittel und 623 auf Umweltkontaminanten untersucht. Die Proben wurden direkt beim Erzeuger bzw. im Geflügelschlachtbetrieb entnommen.

Insgesamt waren 0,09 % der untersuchten Proben positiv. Dies sind – wenn auch auf sehr niedrigem Niveau – mehr als doppelt so viele positive Befunde wie im Vorjahr mit 0,04 %.

In einer von 17 auf Chinolone untersuchten Legehennenproben (5,88 %) wurde Difloxacin in der Muskulatur und Sarafloxacin in der Leber nachgewiesen. Die Gehalte lagen bei 431 µg/kg (Höchstgehalt: 300 µg/kg) bzw. 150 µg/kg (Höchstgehalt: 100 µg/kg). Chinolone sind sogenannte Gyrasehemmer, die als Antibiotika eingesetzt werden.

In drei von 602 untersuchten Proben von Masthähnchen (0,5 %) wurde im Muskel Doxycyclin nachgewiesen. Die Gehalte lagen bei 112 µg/kg, 119,6 µg/kg und 160 µg/kg. Der zulässige Höchstgehalt liegt bei 100 µg/kg. Doxycyclin ist ein antibakteriell wirksamer Stoff und gehört zur Gruppe der Tetracycline.

In einer von 80 auf Toltrazurilsulfon untersuchten Proben (1,25 %) wurde der Wirkstoff in der Muskulatur mit einem Gehalt von 346 µg/kg und in der Leber mit einem Gehalt von 1.285 µg/kg gefunden. Die zulässigen Höchstgehalte liegen für Muskel bei 100 µg/kg und für Leber bei 600 µg/kg. Toltrazurilsulfon ist der Hauptmetabolit von Toltrazuril und gehört zur Gruppe der Kokzidiostatika, Mittel gegen bestimmte Parasiten.

In einer von 34 auf Nikotin untersuchten Proben von Legehennen/Suppenhühnern (2,94 %) wurde Nikotin in Federn mit einem Rückstandsgehalt von 0,121 mg/kg nachgewiesen. Eine Ursache für den Befund ist nicht bekannt. Nikotin darf als Schädlingsbekämpfungs- und Desinfektionsmittel seit dem 14. Dezember 2003 nicht mehr in den Verkehr gebracht werden. Andere zulässige Anwendungsgebiete bei Lebensmittel liefernden Tieren gibt es nicht. Rückstände auf Tieren, die der Lebensmittelgewinnung dienen, sowie in Lebensmitteln tierischer Herkunft dürfen daher nicht auftreten.

Eine von 43 untersuchten Proben (2,32 %) von Puten enthielt das chemische Element Cadmium mit einem Gehalt von 0,084 mg/kg in der Muskulatur. Der Höchstgehalt liegt bei 0,01 mg/kg.

Fazit Geflügel

Die Ergebnisse der zielorientierten Untersuchungen weisen auf eine nur geringe Belastung von Geflügel mit unzulässigen Rückstandsmengen hin.

2.2.2.4 Schafe

Im Berichtsjahr 2010 wurden 600 Proben von Schafen auf Rückstände geprüft, davon 243 auf verbotene Stoffe mit anaboler Wirkung und auf nicht zugelassene Stoffe, 259 auf antibakteriell wirksame Stoffe, 253 auf sonstige Tierarzneimittel und 79 auf Umweltkontaminanten. Alle Proben wurden im Schlachthof entnommen.

Insgesamt waren zwei Proben (0,33 %) positiv. Dies sind deutlich weniger als im Vorjahr, in dem 1,64 % der Proben Rückstände in verbotener Höhe enthielten.

Bei einer von 32 auf Cadmium untersuchten Proben (3,13 %) wurden Rückstände von 1,37 mg/kg in der Niere und damit oberhalb des zulässigen Höchstgehaltes von 1 mg/kg festgestellt.

In der zweiten Probe wurde Kupfer in der Leber mit einem Gehalt von 265 mg/kg ermittelt. Der zulässige Höchstgehalt für Leber liegt bei 30 mg/kg. Eine Ursache für diesen deutlich über dem zulässigen Höchstgehalt liegendem Wert konnte nicht ermittelt werden.

Fazit Schafe

In Schafproben wurden kaum noch Rückstände nachgewiesen.

2.2.2.5 Pferde

2010 wurden insgesamt 117 Proben von Pferden auf Rückstände geprüft, davon 47 auf verbotene Stoffe mit anaboler Wirkung und auf nicht zugelassene Stoffe, 24 auf antibakteriell wirksame Stoffe, 54 auf sonstige Tierarzneimittel und 25 auf Umweltkontaminanten. Alle Proben wurden im Schlachthof entnommen.

In einer von 10 auf Phenylbutazon untersuchten Proben (10 %) wurde der Stoff in der Leber mit einem Gehalt von 8,2 µg/kg nachgewiesen. Phenylbutazon wirkt entzündungshemmend, schmerzlindernd und fiebersenkend, darf aber bei Lebensmittel liefernden Tieren nicht angewendet werden.

Bei drei von acht untersuchten Pferden (37,5 %), wurde Cadmium einmal in Leber, einmal im Muskel und einmal in Muskel und Leber oberhalb der zulässigen Höchstgehalte nachgewiesen. Tabelle 2-4 gibt die gefundenen Rückstandsmengen sowie den jeweiligen zulässigen Höchstgehalt je Probe an.

Tab. 2-4 Cadiumgehalte bei Pferden.

Probe	Matrix	Rückstandsmenge in mg/kg	zulässiger Höchstgehalt in mg/kg
1	Leber	14,2	0,5
	Muskel	1,13	0,2
2	Leber	5,26	0,5
3	Muskel	0,395	0,2

Fazit Pferde

Bei Pferden konnten Rückstände in unzulässiger Höhe bei Entzündungshemmern und Schwermetallen nachgewiesen werden. Insbesondere bei älteren Tieren ist eher mit einer Schwermetallbelastung der inneren Organe zu rechnen.

2.2.2.6 Kaninchen

Aufgrund des geringen Anteils von Kaninchen am Gesamtfleischverzehr in Deutschland ist auch das Probenkontingent bei Kaninchen niedrig. 2010 wurden insgesamt 25 Proben untersucht, von denen acht auf verbotene Stoffe mit anaboler Wirkung und auf nicht zugelassene Stoffe, zwölf auf antibakteriell wirksame Stoffe, zehn auf sonstige Tierarzneimittel und vier auf Umweltkontaminanten untersucht wurden. Die Proben wurden direkt beim Erzeuger oder im Schlachthof entnommen.

Bei Kaninchen konnten weder Höchstgehaltsüberschreitungen noch Rückstände von verbotenen bzw. nicht zugelassenen Stoffen ermittelt werden.

Fazit Kaninchen

Wie bereits in den letzten fünf Jahren konnten bei Kaninchenproben auch im Jahr 2010 keine Rückstände in unerlaubter Höhe festgestellt werden.

2.2.2.7 Wild

2010 wurden insgesamt 213 Wildproben untersucht, 113 stammten von Zuchtwild und 100 von Wild aus freier Wildbahn. Getestet wurden überwiegend Damwild, Rotwild, Rehe und Wildschweine. Im Gegensatz zu Zuchtwild spielen Arzneimittelrückstände bei Tieren aus freier Wildbahn keine Rolle, da letztere in der Regel nicht behandelt werden. Es wurden 30 Proben von Zuchtwild auf verbotene Stoffe mit anaboler Wirkung und auf nicht zugelassene Stoffe getestet. Auf antibakteriell wirksame Stoffe wurden 22 Proben von Zuchtwild, auf sonstige Tierarzneimittel 51 Proben von Zuchtwild und 27 Proben von Wild aus freier Wildbahn, und auf Umweltkontaminanten 47 Proben von Zuchtwild und 99 Proben von Wild aus freier Wildbahn untersucht.

In einem von 10 untersuchten Proben (10 %) konnte bei Zuchtwild Quecksilber in verbotener Höhe in der Niere eines Damwildes ermittelt werden. Der Gehalt lag bei 0,027 mg/kg. Der zulässige Höchstgehalt liegt bei 0,01 mg/kg.

Auch bei Wild aus freier Wildbahn wurde Quecksilber oberhalb des zulässigen Höchstgehaltes von 0,01 mg/kg nachgewiesen. Bei 24 von 69 Proben (34,78 %) war dieser Wert überschritten. Überschreitungen gab es bei 11 Wildschweinproben in Leber und Niere, bei zwei Wildschweinproben in Niere und bei 10 Wildschweinproben in Leber. Die Werte lagen zwischen 0,0125 mg/kg und 1,15 mg/kg (Mittelwert 0,104 mg/kg, Median 0,037 mg/kg). Außerdem war die Niere eines Rotwildes mit einem Gehalt von 0,019 mg/kg belastet.

Des Weiteren waren bei Wild aus freier Wildbahn zwei von 43 Proben (4,65 %) mit Kupfer belastet. Einmal enthielt die Leber eines Rotwildes einen Rückstandsgehalt von 33,83 mg/kg und einmal enthielt die Leber eines Rehs einen Gehalt von 36,37 mg/kg Für Wildtiere ist kein Kupfer-Höchstgehalt festgelegt, der zulässige Kupfer-Höchstgehalt für Nutztiere liegt bei 30 mg/kg.

Fazit Wild

Untersuchte Proben von Zuchtwild waren 2010 nur gering mit Rückständen in unzulässiger Höhe belastet. Dagegen sind insbesondere Wildschweine aus freier Wildbahn relativ häufig mit Quecksilber kontaminiert, was wahrscheinlich auch auf die Beprobung älterer Tiere zurückzuführen ist.

2.2.2.8 Aquakulturen

Im Jahr 2010 wurden 332 Proben von Forellen, 192 Proben von Karpfen und 16 Proben von sonstigen Aquakulturen getestet. Von den insgesamt 540 Proben wurden 136 auf verbotene Stoffe mit anaboler Wirkung und auf nicht zugelassene Stoffe, 80 auf antibakteriell wirksame Stoffe, 119 auf sonstige Tierarzneimittel und 481 auf Umweltkontaminanten untersucht. Die Proben wurden direkt beim Erzeuger entnommen.

Wegen der Relevanz des Stoffes in den vergangenen Jahren wurde auch 2010 ein Großteil der Proben zusätzlich zu den anderen geforderten Untersuchungen auf Malachitgrün untersucht. Malachitgrün wirkt gegen bestimmte Parasiten und Pilzerkrankungen beim Fisch, darf in der EU jedoch bei Lebensmittel liefernden Tieren nicht angewendet werden. Im Einzelnen wurden auf Malachitgrün 262 Proben von Forellen, 142 von Karpfen und 10 von sonstigen Aquakulturen und auf dessen Metaboliten Leukomalachitgrün 264 Proben von Forellen, 142 von Karpfen und 10 von sonstigen Aquakulturen getestet. In neun Planproben von Forellen (3,41 %) und vier Planproben von Karpfen (2,82 %) konnte Leukomalachitgrün nachgewiesen werden. Seitdem aufgrund von positiven Befunden im Jahr 2003 die Probenzahlen in den Folgejahren erhöht wurden, um die Überwachung der Aquakulturbestände im Hinblick auf den Einsatz von Malachitgrün zu intensivieren, werden immer wieder Rückstände bei Forellen und Karpfen festgestellt. Tabelle 2-5 zeigt die Ergebnisse der Jahre 2004 bis 2010. Dargestellt sind überwiegend die Leukomalachitgrünbefunde.

Die Gehalte lagen 2010 zwischen 1,3 µg/kg und 56,0 µg/kg (Mittelwert 9,17 µg/kg, Median 3 µg/kg). Zum Teil ergaben sich bei Nachproben aus den betroffenen Beständen erneut positive Befunde. Die Bestände wurden zum Teil unschädlich beseitigt. Zum Teil mussten vor dem weiteren Verkauf der Fische

Tab. 2-5 NRKP, Leukomalachitgrünbefunde von 2004 bis 2010.

Jahr	Forellen			Karpfen		
	Anzahl			Anzahl		
	Proben	Positive Befunde	in %	Proben	Positive Befunde	in %
2004	130	7	5,4	94	–	–
2005	198	8	4,0	143	3	2,1
2006	216	6	2,8	153	2	1,3
2007	219	11	5,0	142	1	0,7
2008	283	10	3,5	142	3	2,1
2009	251	6	2,4	132	1	0,8
2010	264	9	3,4	142	4	2,8

Nachproben untersucht werden, um die Rückstandsfreiheit nachzuweisen.

Fazit Aquakulturen

2010 wurde Malachitgrün bzw. dessen Metabolit Leukomalachitgrün wieder häufiger als in 2009 nachgewiesen. Daher werden wie bereits seit 2004 auch 2011 Fische aus Aquakulturen verstärkt auf Malachitgrün und Leukomalachitgrün untersucht.

2.2.2.9 Milch

2010 wurden 1.896 Milchproben auf Rückstände geprüft, davon 1.388 auf verbotene und nicht zugelassene Stoffe, 1.451 auf antibakteriell wirksame Stoffe, 1.610 auf sonstige Tierarzneimittel und 347 auf Umweltkontaminanten. Die Proben wurden direkt im Erzeugerbetrieb bzw. im Fall von Umweltkontaminanten auch aus dem Tankwagen entnommen.

Wie im Vorjahr war auch 2010 nur eine Probe (0,05 %) positiv.

Oberhalb des zulässigen Höchstgehaltes von 4 µg/kg wurde in einer von 340 Proben Ampicillin mit einem Gehalt von 16,8 µg/kg ermittelt.

Fazit Milch

Milch enthielt, ähnlich wie in den vergangenen Jahren, im Jahr 2010 nur in einem Einzelfall Rückstände in unerlaubter Höhe.

2.2.2.10 Hühnereier

806 Hühnereierproben wurden auf Rückstände geprüft, davon 174 auf verbotene oder nicht zugelassene Stoffe, 233 auf antibakteriell wirksame Stoffe, 517 auf sonstige Tierarzneimittel und 398 auf Umweltkontaminanten. Die Proben wurden direkt im Erzeugerbetrieb bzw. in der Packstelle entnommen.

785 Hühnereierproben wurden auf Rückstände geprüft, davon 165 auf verbotene oder nicht zugelassene Stoffe, 226 auf antibakteriell wirksame Stoffe, 529 auf sonstige Tierarzneimittel und 186 auf Umweltkontaminanten. Die Proben wurden direkt im Erzeugerbetrieb bzw. in der Packstelle entnommen.

Insgesamt war nur noch eine Probe (0,13 %) der untersuchten Proben positiv. Dies ist deutlich weniger als im Jahr 2009,

in dem 1,74 % der Proben positiv waren. Dies liegt vor allem daran, dass es einen zulässigen Höchstgehalt für Lasalocid in Eiern nach der Verordnung (EG) Nr. 37/2010 gibt, der nach Änderung des § 10 Lebensmittel- und Futtermittelgesetzbuch (LFGB) seit 2010 bei der Beurteilung der Befunde angewendet wird.

Dioxinuntersuchung in Eiern

Seit dem 01.01.2005 gilt der in der Verordnung (EG) Nr. 466/2001 festgelegte Höchstgehalt für Hühnereier und Eiprodukte von 3 pg WHO-PCDD/F-TEQ/g Fett auch für Eier aus Freilandhaltung und intensiver Auslaufhaltung.

Mit Wirkung vom 04.11.2006 wurden die Höchstgehalte an Dioxinen und Furanen mit einem durch die Verordnung (EG) Nr. 199/2006 festgesetzten Summengrenzwert in Höhe von 6 pg WHO-PCDD/F-PCB-TEQ/g Fett ergänzt, der den Gesamtgehalt an Dioxinen, Furanen und dioxinähnlichen PCB umfasst. Beide Grenzwerte wurden in der Verordnung (EG) Nr. 1881/2006 zusammengefasst.

133 Proben von Eiern wurden im Rahmen des NRKP 2010 auf Dioxine untersucht. Alle Proben wiesen Kontaminationen an Dioxinen und dioxinähnlichen PCB in Höhe der üblichen Hintergrundbelastung auf. Bei den Eiern aus ökologischer Erzeugung und solchen aus Käfig- oder Bodenhaltung gab es keine Höchstgehaltsüberschreitungen. Bei Proben von Eiern aus Freilandhaltung wurde der Höchstgehalt von 3 pg WHO-PCDD/F-TEQ/g Fett und der Höchstgehalt von 6 pg WHO-PCDD/F-PCB-TEQ/g Fett einmal (2,43 %) überschritten. Weitere Einzelheiten sind in Tabelle 2-6 zu finden, in der die WHO-PCDD/F-PCB-TEQ-Werte bzw. die WHO-PCDD/F-TEQ dargestellt sind.

Fazit Hühnereier

In untersuchten Eiern wurden im Jahr 2010 in nur einer Probe Rückstände in unerlaubter Höhe gefunden. Die ubiquitär in der Umwelt vorhandenen Dioxine und dioxinähnliche PCB findet man in jeder Probe, bei einer Probe wurde der zulässige Höchstgehalt für Dioxine und dioxinähnliche PCB überschritten.

Tab. 2-6 NRKP, Dioxinrückstände in Eiern.

Haltungsform	Anzahl untersuchter Proben	Anzahl Proben mit Dioxinrückständen	Anzahl Proben mit Gehalten > 3 bzw. > 6 pg/g Fett	Mittelwert in pg/g Fett	Median in pg/g Fett	Minimum in pg/g Fett	Maximum in pg/g Fett
Erzeugnis gemäß Öko-Verordnung (EG)	11	11	0	0,88	0,48	0,12	4,47
Freilandhaltung	41	41	1	1,10	0,72	0,07	6,40
Käfighaltung	8	8	0	0,32	0,32	0,14	0,61
Bodenhaltung	71	71	0	0,43	0,30	0,08	3,00
Ohne Angabe	2	2		0,42	0,38	0,28	0,64
Summe	**133**	**133**	**1**				
Gesamt				**0,67**	**0,37**	**0,07**	**6,40**

Tab. 2-7 NRKP, Übersicht über positive Rückstandsbefunde im Zeitraum 2008 bis 2010, verteilt auf die einzelnen Tierarten.

Tierart/ Erzeugnis	2008			2009			2010		
	Anzahl			Anzahl			Anzahl		
	Proben	Positive Befunde	in %	Proben	Positive Befunde	in %	Proben	Positive Befunde	in %
Rinder	14.062	56	0,40	15.080	59	0,39	14.843	82	0,55
Schweine	25.309	55	0,22	27.753	114	0,41	28.730	266	0,93
Schafe	515	9	1,75	550	9	1,64	600	2	0,33
Pferde	91	2	2,20	96	1	1,04	117	4	3,42
Kaninchen	15	–	–	23	–	–	25	–	–
Wild	281	21	7,47	225	32	14,22	213	27	12,68
Geflügel	6.480	8	0,12	7.230	3	0,04	7.948	7	0,09
Aquakulturen	553	19	3,44	544	8	1,44	540	14	2,59
Milch	1.851	8	0,43	1.883	1	0,05	1.896	1	0,05
Eier	816	23	2,82	806	14	1,74	785	1	0,13
Honig	180	2	1,11	158	2	1,27	186	6	3,23

2.2.2.11 Honig

Insgesamt wurden 186 Honigproben auf Rückstände geprüft, davon 71 auf verbotene Stoffe, 118 auf antibakteriell wirksame Stoffe, 109 auf sonstige Tierarzneimittel und 134 auf Umweltkontaminanten. Die Proben wurden direkt im Erzeugerbetrieb bzw. während des Produktionsprozesses entnommen.

Insgesamt waren sechs Proben (3,23 %) positiv.

In zwei von 117 auf Sulfathiazol untersuchten Proben (1,71 %) wurde der Wirkstoff mit Gehalten von 27,4 µg/kg und 54,9 µg/kg nachgewiesen. Sulfathiazol hat eine antibakterielle Wirkung und gehört zur Gruppe der Sulfonamide. Der Einsatz ist bei Bienen verboten.

Eine von 59 auf N,N-Diethyl-m-toluamid DEET untersuchte Probe (1,69 %) enthielt Rückstände dieses Stoffes oberhalb des zulässigen Höchstgehaltes von 0,01 mg/kg. Der Gehalt lag bei 0,021 mg/kg. N,N-Diethyl-m-toluamid (DEET) ist ein Insektizid mit einem breiten Wirkungsspektrum. Ursache war der Einsatz des Insektenabwehrsprays „FABI". Verwendet wurde ein älteres Spray, das den Stoff DEET noch enthielt. Neuere Sprays sollen diesen Wirkstoff nicht mehr enthalten. Der noch vorhandene Honig wurde vernichtet.

In drei von 11 Proben (27,3 %) wurde Kupfer nachgewiesen. Die Gehalte lagen bei 0,238 mg/kg, 0,33 mg/kg und 0,5 mg/kg. In der Verordnung (EG) 396/2005 ist kein spezifischer Höchstgehalt für Kupfer in Honig festgelegt, es gilt deshalb nach Art. 18 Abs. 1b der Höchstgehalt von 0,01 mg/kg. Die natürlichen Gehalte von Kupfer in Honig liegen weit über diesem Gehalt.

Fazit Honig

Der Anteil an Honigproben mit Rückstände in unerlaubter Höhe ist gegenüber dem Jahr 2009 um fast zwei Prozent angestiegen.

2.2.3 *Entwicklung positiver Rückstandsbefunde von 2008 bis 2010*

Tabelle 2-7 stellt noch einmal zusammengefasst die positiven Rückstandsbefunde von 2008 bis 2010 je Tierart bzw. Erzeugnis dar.

Insgesamt ist die Belastung mit unzulässigen Rückstandsmengen weiterhin gering. Bei Schafen, Wild und Eiern ist die Anzahl der positiven Rückstandsbefunde deutlich zurückgegangen. Bei Eiern ist dies insbesondere auf eine Änderung im LFGB zurückzuführen (nähere Einzelheiten siehe unter „Eier"). Bei Milch sind die Befunde gleich geblieben. Bei Rindern, Schweinen, Pferden, Geflügel und Honig ist die Anzahl der positiven Befunde im Vergleich zum Vorjahr deutlich angestiegen. Dies ist vor allem auf die Festlegung eines zulässigen Höchstgehaltes für Kupfer zurückzuführen, der seit 2010 Anwendung findet. Auch bei Aquakulturen sind die Werte wieder angestiegen, was auf die bekannte Malachitgrünproblematik zurückzuführen ist (nähere Einzelheiten siehe unter „Aquakulturen"). Bei Kaninchen waren in den letzten sechs Jahren keine positiven Befunde mehr zu verzeichnen.

2.2.4 *Hemmstoffuntersuchungen in Rahmen des NRKP*

In Deutschland sind entsprechend den Vorgaben der Verordnung zur Regelung bestimmter Fragen der amtlichen Überwachung des Herstellens, Behandelns und Inverkehrbringens von Lebensmitteln tierischen Ursprungs (Tierische Lebensmittel-Überwachungsverordnung) bei mindestens zwei Prozent aller gewerblich geschlachteten Kälber und mindestens 0,5 % aller sonstigen gewerblich geschlachteten Huftiere amtliche Proben zu entnehmen und auf Rückstände zu untersuchen. Ein

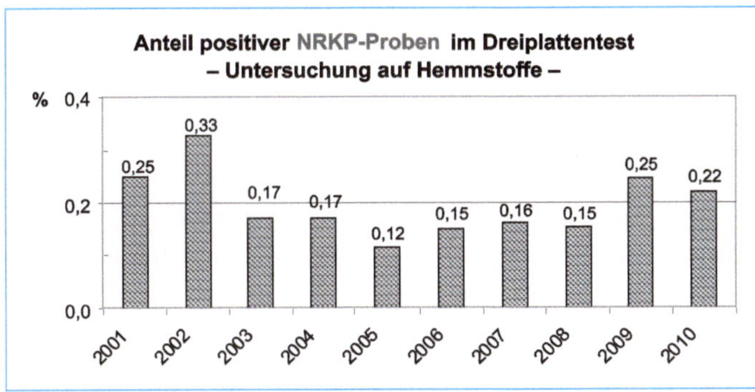

Abb. 2-1 Anteil positiver Proben im Dreiplattentest (Untersuchung auf Hemmstoffe).

großer Teil dieser Proben, im Jahr 2010 waren es 263.970, wird mittels Dreiplattentest, einem kostengünstigen mikrobiologischen Screeningverfahren zum Nachweis von antibakteriell wirksamen Stoffen (Hemmstoffe), untersucht. Wie aus Abbildung 2-1 ersichtlich, ist der Anteil an positiven Hemmstofftestbefunden gegenüber den letzten sechs Jahren wieder etwas erhöht. Er liegt bei unter 0,25 %. Über einen Zeitraum von zehn Jahren ist der Positivanteil insgesamt rückläufig.

Die Wirkstoffe in Proben, die mittels Dreiplattentest positiv getestet wurden, werden im Anschluss mittels einer so genannten Bestätigungsmethode identifiziert und quantifiziert. 2010 wurden insgesamt 664 hemmstoffpositive Plan- und Verdachtsproben sowie hemmstoffpositive Proben aus der bakteriologischen Fleischuntersuchung auf diese Weise nachuntersucht. Auf 216 Stoffe wurde getestet. Bei 263 Proben (39,6 %) konnten Rückstände von verbotenen Stoffen bzw. oberhalb von Höchstgehalten nachgewiesen werden, in weiteren 378 Proben (56,9 %) waren Rückstände unterhalb des Höchstgehaltes zu finden. Insgesamt konnte bei 482 Proben (72,6 %) die Hemmstoffe ermittelt werden, die die voraussichtliche Ursache für den positiven Befund waren. Da eine Probe Rückstände von mehreren Stoffen sowohl ober- als auch unterhalb der Höchstmengen enthalten kann, ist die Gesamtzahl der Proben mit Rückständen geringer als die Summe der beiden anderen genannten Zahlen. Am häufigsten wurden Tetracycline, gefolgt von Chinolonen, Penicillinen, Aminoglycosiden, Sulfonamiden und Diaminopyrimidinen, gefunden. In einigen Proben wurden auch Macrolide Pleuromutiline, Cephalosporine und Linkosamide nachgewiesen. Bei den genannten Gruppen handelt es sich um Stoffe mit antibakterieller Wirkung. An sonstigen Tierarzneimitteln wurden Entzündungshemmer, synthetische Kortikosteroide und Antiparasitika (Kokzidiostatika, Anthelminthika) nachgewiesen. Bei letzteren Befunden ist anzunehmen, dass es sich hierbei um Nebenbefunde handelt, die nicht die eigentliche Ursache für den positiven Dreiplattentest waren.

Die Anzahl der Befunde gliedert sich im Einzelnen wie in Tabelle 2-8 aufgeführt. Die höhere Anzahl an Rückständen erklärt sich auch hier dadurch, dass eine Probe mehrfach Rückstände enthalten kann.

Tab. 2-8 Anzahl der bestätigten Befunde nach positivem Hemmstofftest.

Stoffgruppe	Positive Ergebnisse	Rückstandsnachweise
Tetracycline	178	645
Chinolone	83	61
Penicilline	65	79
Aminoglycoside	62	53
Sulfonamide	53	55
Diaminopyrimidine	25	34
Macrolide	2	12
Pleuromutiline	–	4
Cephalosporine	1	4
Linkosamide	–	1
Entzündungshemmer	24	45
Synthetische Kortikosteroide	5	2
Kokzidiostatika	–	2
Anthelminthika	–	1

2.2.5 Maßnahmen im Rahmen des NRKP

2.2.5.1 Ermittlung der Ursachen von positiven Rückstandsbefunden

Nach der Richtlinie 96/23/EG sind die Mitgliedstaaten verpflichtet, die Ursachen für positive Rückstandsbefunde zu ermitteln. In Deutschland übernehmen die für die Lebensmittel- bzw. Veterinärüberwachung zuständigen Behörden der Länder diese Aufgabe. Die Ursachen für positive Rückstandsbefunde konnten nur in Einzelfällen ermittelt werden. Die positiven Leukomalachitgrünbefunde sind wahrscheinlich auf eine nicht sachgerechte Teichdesinfektion beziehungsweise eine unzulässige Behandlung von Fischen oder Fischeiern zurückzuführen. Andere Ursachen waren Futtermittel mit Schimmelpilzgiften, die Nichteinhaltung von Wartezeiten oder der unsachgemäße Einsatz von Tierarzneimitteln.

2.2.5.2 Maßnahmen nach positiven Rückstandsbefunden

Die Beanstandung von Lebensmitteln mit unerlaubten Rückständen pharmakologisch wirksamer Stoffe erfolgt nach gemeinschaftsrechtlichen Vorgaben. Für die Maßnahmen sind die Länder verantwortlich.

Die Maßnahmen nach dem Nachweis von verbotenen bzw. nicht zugelassenen Stoffen wie Chloramphenicol, Malachitgrün und Metronidazol ziehen immer eine Vor-Ort-Überprüfung im Tierbestand einschließlich der Kontrolle von Aufzeichnungen, Überprüfung der tierärztlichen Hausapotheke und Entnahme von weiteren Verfolgsproben, wenn notwendig auch von Futter und Tränkwasser, nach sich. Außerdem werden bis zur Klärung des jeweiligen Vorfalls Betriebe gesperrt bzw. ein Abgabe- und Beförderungsverbot verhängt. Weiterhin werden verstärkte Bestandskontrollen angeordnet sowie Straf- bzw. Ordnungswidrigkeitenverfahren eingeleitet.

Die Höchstgehaltsüberschreitungen nach der Anwendung von zugelassenen Tierarzneimitteln haben Maßnahmen im Herkunftsbetrieb, wie verstärkte Kontrollen, Überprüfung der Aufzeichnungen, Überprüfungen der tierärztlichen Hausapotheken, zusätzliche Probenahmen und Anordnung der Voranmeldung von Tieren, die geschlachtet werden sollen, zur Folge. Gegebenenfalls werden Straf- bzw. Ordnungswidrigkeitenverfahren eingeleitet.

2.3
Ergebnisse des EÜP 2010

2.3.1 *Überblick über die Rückstandsuntersuchungen des EÜP im Jahr 2010*

Im Jahr 2010 wurden in Deutschland 28.517 Untersuchungen an 1.485 Proben von tierischen Erzeugnissen durchgeführt. Herkunft, Probenart und Positive sind der Tabelle 2-9 zu entnehmen.

Insgesamt wurde auf 357 Stoffe geprüft, wobei jede Probe auf bestimmte Stoffe dieser Stoffpalette untersucht wurde. Zu den genannten Untersuchungs- bzw. Probenzahlen kommen 74 Proben hinzu, die mittels einer Screeningmethode, dem so genannten Dreiplattentest, auf Hemmstoffe untersucht wurden.

Tab. 2-9 EÜP, Herkunft, Probenart und Positive.

Herkunft	Probenart	Anzahl Proben		Anzahl Positive
			Summe	
Ägypten	Schafe Mastlämmer; Darm	2	2	
Argentinien	Andere Fische	4		
	Andere Pferde; Fleisch	7		1
	Andere Rinder; Fleisch	8		
	Anderes Geflügel; Fleisch	1		
	Honig	34		
	Hasen; Fleisch	3		
	Eier	2		
	Masthähnchen; Fleisch	11		
	Mastkälber; Fleisch	1		
	Mastrinder; Fleisch	127		
	Schafe Mastlämmer; Fleisch	1	199	
Äthiopien	Honig	1	1	
Australien, einschl. Kokos-inseln, Weihnachtsinseln und Norfolk-Inseln	Andere Schafe; Fleisch	1		
	Andere Wildtiere; Fleisch	10		
	Honig	2		
	Schafe Mastlämmer; Fleisch	1		
	Wildschweine; Fleisch	7	21	
Australien und Ozeanien	Andere Fische	2		
	Andere Rinder; Fleisch	1		
	Schafe Mastlämmer; Fleisch	4		
	Wildschweine; Fleisch	1	8	
Bangladesch	Andere (Krebs-) Krustentiere	15		
	Shrimps	3	18	
Botsuana	Mastrinder; Fleisch	8	8	

(Fortsetzung Tab. 2-9)

Herkunft	Probenart	Anzahl Proben	Summe	Anzahl Positive
Brasilien	Andere Fische	2		
	Andere Rinder; Fleisch	6		
	Anderes Geflügel; Fleisch	6		
	Honig	12		
	Fleisch	2		
	Masthähnchen; Leber	5		
	Masthähnchen; Fleisch	220		**1**
	Mastrinder; Haut mit Fett	1		
	Mastrinder; Fleisch	38		
	Truthühner; Leber	1		
	Truthühner; Fleisch	18	**311**	
Chile	Andere Fische	15		**11**
	Andere (Krebs-) Krustentiere	1		
	Anderes Geflügel; Fleisch	1		
	Honig	17		
	Forellen	7		
	Lachse	3		
	Masthähnchen; Fleisch	20		
	Mastrinder; Fleisch	5		
	Mastschweine; Fleisch	18		
	Muscheln	1		
	Schafe Mastlämmer; Darm	1		
	Truthühner; Fleisch	2	**91**	
China, einschl. Tibet	Andere Fische	41		
	Andere (Krebs-) Krustentiere	6		
	Andere Schafe; Darm	1		
	Andere Schweine; Darm	1		
	Honig	23		
	Enten; Fleisch	13		
	Kaninchen; Fleisch	13		
	Lachse	25		
	Masthähnchen; Fleisch	1		
	Mastschweine; Darm	3		
	Wachteln; Eier	4	**131**	
Costa Rica	Andere (Krebs-) Krustentiere	1	**1**	
Ecuador, einschl. Galapagos-inseln	Andere Fische	1		
	Andere (Krebs-) Krustentiere	1		
	Butterfisch	1	**3**	

(Fortsetzung Tab. 2-9)

Herkunft	Probenart	Anzahl Proben	Summe	Anzahl Positive
El Salvador	Honig	20	**20**	
Gambia	Andere Fische	1	**1**	
Ghana	Andere Fische	1		
	Shrimps	1	**2**	
Guatemala	Honig	6	**6**	
Honduras	Shrimps	1	**1**	
Indien, einschl. Sikkim und Goa	Andere Fische	3		
	Andere (Krebs-) Krustentiere	4		
	Honig	6		
	Krabben	1		
	Prawns	2		
	Shrimps	3	**19**	
Indonesien, einschl. Irian Jaya	Andere Fische	10		
	Andere (Krebs-) Krustentiere	3		
	Shrimps	3	**16**	
Iran, Islamische Republik	Schafe Mastlämmer; Darm	4	**4**	
Island	Andere Pferde; Fleisch	2		
	Anderes Geflügel; Fleisch	1		
	Pferde unter 2 Jahren; Fleisch	2		
	Schafe Mastlämmer; Fleisch	1	**6**	
Israel	Anderes Geflügel; Fleisch	1		
	Masthähnchen; Fleisch	1		
	Truthühner; Fleisch	13	**15**	
Japan	Andere Fische	2	**2**	
Kanada	Andere Fische	5		
	Andere Pferde; Fleisch	1		
	Honig	2		
	Hummer	1		
	Kühe; Milch	1		
	Shrimps	3	**13**	
Kenia	Andere Fische	1	**1**	
Kolumbien	Forellen	2	**2**	
Kuba	Honig	7	**7**	
Libanon	Andere Schafe; Darm	1	**1**	
Malaysia	Shrimps	1	**1**	
Malediven	Andere Fische	1	**1**	
Marokko	Andere Fische	2	**2**	
Mauritius	Andere Fische	2	**2**	

(Fortsetzung Tab. 2-9)

Herkunft	Probenart	Anzahl Proben	Summe	Anzahl Positive
Mexiko	Andere Rinder; Fleisch	1		
	Honig	31		
	Eier	1	**33**	
Namibia	Andere Fische	5	**5**	
Neuseeland	Hirsche; Fleisch	6		
	Mastrinder; Fleisch	4		
	Muscheln	1		
	Rotwild; Fleisch	1		
	Schafe Mastlämmer; Leber	1		
	Schafe Mastlämmer; Fleisch	15	**28**	
Nicaragua	Honig	4	**4**	
Nigeria	Honig	1	**1**	
Oman	Andere Fische	2	**2**	
Pakistan	Andere Schafe; Darm	2		
	Schafe Mastlämmer; Darm	4	**6**	
Panama	Shrimps	1	**1**	
Papua-Neuguinea	Andere Fische	1	**1**	
Paraguay	Andere Rinder; Fleisch	1		
	Mastrinder; Fleisch	9	**10**	
Peru	Andere Fische	1		
	Forellen	2	**3**	
Philippinen	Andere Fische	5	**5**	
Russische Föderation	Andere Fische	3	**3**	
Senegal	Andere Fische	4	**4**	
Seychellen	Andere Fische	2	**2**	
Simbabwe	Andere Wildtiere; Fleisch	1	**1**	
Sri Lanka	Andere Fische	13	**13**	1
Südafrika	Andere Fische	3		
	Andere Wildtiere; Fleisch	2		
	Strauße; Fleisch	15	**20**	
Syrien, Arabische Republik	Schafe Mastlämmer; Darm	2	**2**	
Tansania, Vereinigte Republik	Andere Fische	9		
	Honig	3	**12**	
Thailand	Andere Fische	2		
	Andere (Krebs-) Krustentiere	35		
	Andere Mollusken	2		
	Anderes Geflügel; Fleisch	3		
	Honig	5		

(Fortsetzung Tab. 2-9)

Herkunft	Probenart	Anzahl Proben	Summe	Anzahl Positive
	Enten; Fleisch	15		
	Lachse	1		
	Fleisch	3		
	Masthähnchen; Fleisch	38		
	Muscheln	1		
	Prawns	2		
	Shrimps	6	113	
Türkei	Honig	9	9	
Uganda	Andere Fische	4	4	
Uruguay	Honig	18		
	Mastrinder; Fleisch	39		
	Schafe Mastlämmer; Fleisch	2	59	
USA	Andere Fische	6		
	Andere Rinder; Fleisch	2		
	Kühe; Fleisch	1		
	Lachse	1		
	Eier	3		
	Eierfett	1		
	Mastrinder; Fleisch	10		
	Muscheln	5		
	Schafe Mastlämmer; Darm	1		
	Wildschweine; Fleisch	1	31	
Vietnam	Andere Fische	150		1
	Andere (Krebs-) Krustentiere	23		
	Butterfisch	3		
	Krabben	1		
	Muscheln	2		
	Prawns	1		
	Shrimps	17	197	
Summe		**1.485**	**1.485**	**15**

Die Anzahl der Proben untersuchter Tiere bzw. tierischer Erzeugnisse ist der Tabelle 2-10 zu entnehmen.

Tab. 2-10 EÜP, Anzahl der Proben untersuchter Tiere und tierischer Erzeugnisse.

Rind	Schwein	Schaf	Pferd	Geflügel	Aqua-kulturen	Kanin-chen	Wild	Milch	Eier	Honig
262	22	44	12	392	498	13	32	1	10	201
Zusätzlich mittels Hemmstofftest untersuchte Proben:										
71	–	1	2	–	–	–	–	–	–	–

2.3.2   Positive Rückstandsbefunde des EÜP 2010 im Einzelnen

Im Jahr 2010 enthielten 15 von 1.485 Planproben (1,01 %) Rückstände oberhalb des gesetzlich erlaubten Höchstgehalts. Im Vergleich zum Vorjahr waren dies 0,2 % mehr Positive.

2.3.2.1   Rinder

Im Jahr 2010 wurden 262 Rindfleischproben getestet. Von diesen wurden 94 Proben auf verbotene Stoffe mit anaboler Wirkung und auf nicht zugelassene Stoffe, 116 auf antibakteriell wirksame Stoffe, 40 auf sonstige Tierarzneimittel und 47 auf Umweltkontaminanten untersucht.

Keine der Proben enthielt Rückstände in gesetzlich nicht erlaubtem Umfang.

2.3.2.2   Schweine

22 Proben von Schweinen wurden insgesamt untersucht, davon 12 Proben auf verbotene Stoffe mit anaboler Wirkung und auf nicht zugelassene Stoffe, vier auf antibakteriell wirksame Stoffe, fünf auf sonstige Tierarzneimittel und sieben auf Umweltkontaminanten.

Keine der Proben enthielt Rückstände in gesetzlich nicht erlaubtem Umfang.

2.3.2.3   Geflügel

Von den insgesamt 392 Proben von Geflügel wurden 155 Proben auf verbotene Stoffe mit anaboler Wirkung und auf nicht zugelassene Stoffe, 50 auf antibakteriell wirksame Stoffe, 182 auf sonstige Tierarzneimittel und 101 auf Umweltkontaminanten untersucht.

Bei einer Masthähnchenprobe aus Brasilien wurde im Muskel das chemische Element Quecksilber in einer Konzentration von 0,025 mg/kg nachgewiesen. Der zulässige Höchstgehalt beträgt 0,01 mg/kg.

2.3.2.4   Schafe

Im Berichtsjahr wurden 44 Proben von Schafen auf Rückstände geprüft, davon 23 auf verbotene Stoffe mit anaboler Wirkung und auf nicht zugelassene Stoffe, 15 auf antibakteriell wirksame Stoffe, 25 auf sonstige Tierarzneimittel und 15 auf Umweltkontaminanten.

Keine der Proben enthielt Rückstände in gesetzlich nicht erlaubtem Umfang.

2.3.2.5   Pferde

Insgesamt 12 Proben von Pferden wurden auf Rückstände geprüft, davon sieben auf verbotene Stoffe mit anaboler Wirkung und auf nicht zugelassene Stoffe, neun auf antibakteriell wirksame Stoffe, zwei auf sonstige Tierarzneimittel und zwei auf Umweltkontaminanten.

In einer Probe aus Argentinien wurde im Muskel das Antibiotikum Oxytetracyclin mit einem Gehalt von 152 µg/kg nachgewiesen. Der zulässige Höchstgehalt beträgt 100 µg/kg. Oxytetracyclin gehört zur Stoffgruppe der Tetracycline.

2.3.2.6   Kaninchen

Insgesamt wurden 13 Proben von Kaninchen auf Rückstände geprüft, davon sechs auf verbotene Stoffe mit anaboler Wir-

kung und auf nicht zugelassene Stoffe, zwei auf antibakteriell wirksame Stoffe, drei auf sonstige Tierarzneimittel und fünf auf Umweltkontaminanten.

Keine der Proben enthielt Rückstände in gesetzlich nicht erlaubtem Umfang.

2.3.2.7   Wild

Insgesamt wurden 32 Wildproben untersucht, sechs stammten von Zuchtwild und 26 von Wild aus freier Wildbahn. Getestet wurden überwiegend Hirsche, Hasen und Wildschweine. Es wurden zwei Proben von Wild auf verbotene Stoffe mit anaboler Wirkung und auf nicht zugelassene Stoffe getestet. Auf antibakteriell wirksame Stoffe wurden zwei Proben von Wild, auf sonstige Tierarzneimittel wurden fünf Proben von Zuchtwild und 22 Proben von Wild aus freier Wildbahn untersucht. Auf Umweltkontaminanten waren es sechs Proben von Zuchtwild und 26 Proben von Wild aus freier Wildbahn.

Keine der Proben enthielt Rückstände in gesetzlich nicht erlaubtem Umfang.

2.3.2.8   Aquakulturen

Im Jahr 2010 wurden insgesamt 498 Proben untersucht und davon 96 auf verbotene Stoffe mit anaboler Wirkung und auf nicht zugelassene Stoffe, 34 auf antibakteriell wirksame Stoffe, 84 auf sonstige Tierarzneimittel und 343 auf Umweltkontaminanten.

Die beprobten Tierarten sind der Tabelle 2-11 zu entnehmen.

Tab. 2-11 EÜP, Anzahl der beprobten Aquakulturerzeugnisse.

Anzahl Proben	Tierart
4	Butterfisch
11	Forellen
1	Hummer
2	Krabben
30	Lachse
10	Muscheln
5	Prawns
39	Shrimps
304	Andere Fische
90	Andere (Krebs-) Krustentiere
2	Andere Mollusken

Rückstände von Ivermectin, einem Antiparasitikum wurden in einer von 27 Proben (3,7 %) nachgewiesen. Ivermectin darf bei Aquakulturen nicht angewendet werden. Die Fische stammten aus Vietnam, der Rückstandsgehalt lag bei 7,9 µg/kg.

In neun von 168 auf Cadmium untersuchten Proben (5,36 %) wurde dieser Stoff bei Fischen aus Chile nachgewiesen. Die Gehalte lagen mit 0,073 mg/kg bis 0,24 mg/kg über dem zulässigen Höchstgehalt von 0,05 mg/kg (Mittelwert 0,13 mg/kg, Median 0,11 mg/kg). In weiteren drei Proben aus Chile und einer aus Sri Lanka wurde Quecksilber in Fischen mit Gehalten von

1,2 mg/kg, 1,22 mg/kg, 1,3 mg/kg und 1,48 mg gefunden. Die Gehalte lagen somit oberhalb der zulässigen Höchstmenge von 0,5 mg/kg.

2.3.2.9   Milch

2010 wurde eine Milchprobe auf Rückstände von Chloramphenicol untersucht. Chloramphenicol ist ein seit August 1994 bei Lebensmittel liefernden Tieren verbotenes Antibiotikum.

Die Probe war negativ.

2.3.2.10   Hühnereier

Im Jahr 2010 wurden insgesamt 10 Proben untersucht, eine Eierprobe auf Rückstände des EU-weit verbotenen Antibiotikums Chloramphenicol, fünf weitere Proben auf Rückstände von verschiedenen Kokzidiostatika (Mittel gegen Parasiten) und vier Proben auf Carbamate und Kontaminanten. Carbamate werden als Insektizide, Fungizide und Herbizide in der Landwirtschaft eingesetzt.

Keine der Proben enthielt Rückstände in gesetzlich nicht erlaubtem Umfang.

2.3.2.11   Honig

Insgesamt wurden 201 Honigproben auf Rückstände geprüft, davon acht auf verbotene Stoffe, 131 auf antibakteriell wirksame Stoffe, 62 auf sonstige Tierarzneimittel und 42 auf Umweltkontaminanten.

Keine der Proben enthielt Rückstände in gesetzlich nicht erlaubtem Umfang.

2.3.3   Hemmstoffuntersuchungen in Rahmen des EÜP

74 Proben wurden im Jahr 2010 mittels Dreiplattentest, einem kostengünstigen mikrobiologischen Screeningverfahren zum Nachweis von antibakteriell wirksamen Stoffen (Hemmstoffe), untersucht.

Alle Proben waren negativ.

2.3.4   Maßnahmen im Rahmen des EÜP

Maßnahmen nach positiven Rückstandsbefunden sind in der Lebensmitteleinfuhr-Verordnung (LMEV) festgelegt. Wurde demnach bei Lebensmitteln tierischen Ursprungs eine Überschreitung festgesetzter Höchstgehalte an Rückständen von Stoffen mit pharmakologischer Wirkung oder von anderen Stoffen, die die menschliche Gesundheit beeinträchtigen können, oder wurden Rückstände verbotener Stoffe mit pharmakologischer Wirkung oder deren Umwandlungsprodukte festgestellt, hat die für die Grenzkontrollstelle zuständige Behörde bei der Einfuhruntersuchung bei den folgenden Sendungen lebender Tiere oder Lebensmittel tierischen Ursprungs desselben Ursprungs oder derselben Herkunft verstärkte Kontrollen vorzunehmen.

Eine verstärkte Überwachung wird ebenfalls durchgeführt nach Meldungen aus dem Europäischen Schnellwarnsystem oder im Rahmen von Sondervorschriften der Kommission für die Einfuhr.

Im Falle eines Verdachtes wird eine Sendung beschlagnahmt, bis das Ergebnis vorliegt. Die beanstandeten Erzeugnisse werden an der Grenze zurückgewiesen oder auch vernichtet. Sollte bereits eine Verteilung auf dem europäischen Markt erfolgt sein, wird die Sendung zurückgerufen. Bei einer Zurückweisung ist sicherzustellen, dass die Sendung nicht über eine andere Grenzkontrollstelle wieder in die Europäische Union eingeführt wird.

Über im Rahmen der Einfuhruntersuchung beanstandete Lebensmittel werden die anderen Mitgliedstaaten und die Europäische Kommission über entsprechende Meldungen im Europäischen Schnellwarnsystem informiert.

Die Europäische Kommission berücksichtigt die Ergebnisse der Einfuhruntersuchung bei ggf. einzuleitenden Schutzmaßnahmen gegenüber Drittländern.

Im Jahr 2010 wurden 3.132 Untersuchungen an 315 Verdachtsproben durchgeführt. Die Proben wurden auf 223 Stoffe untersucht.

Die meisten Proben wurden aufgrund folgender Sondervorschriften der Kommission untersucht:

– Entscheidung 2006/27/EG über Sondervorschriften für die Einfuhr von zum Verzehr bestimmtem Fleisch und Fleischerzeugnissen von Equiden aus Mexiko, in der festgelegt wurde, dass Fleisch und Fleischerzeugnisse von Equiden risikobasierten amtlichen Kontrollen unterzogen werden, insbesondere auf bestimmte Stoffe mit hormonalen Wirkungen und auf ß-Agonisten,

– Entscheidung 2006/236/EG über Sondervorschriften für die Einfuhr von zum Verzehr bestimmten Fischereierzeugnissen aus Indonesien, in der festgelegt wurde, dass jede Sendung aus Indonesien auf Schwermetalle zu untersuchen ist,

– Entscheidung 2008/630EG über Sofortmaßnahmen für die Einfuhr von zum Verzehr bestimmten Krustentieren aus Bangladesch, in der festgelegt wurde, dass nur Krustentiersendungen eingeführt werden dürfen, sofern diesen die Ergebnisse einer am Herkunftsort durchgeführten analytischen Untersuchung beiliegen oder anhand von analytischen Untersuchungen im Importland insbesondere geprüft wurde, ob Chloramphenicol, Tetracyclin, Oxytetracyclin, Chlortetracyclin, Nitrofuranmetaboliten oder Malachitgrün bzw. Kristallviolett oder ihre jeweiligen Leuko-Metaboliten vorhanden sind.

– Beschluss 2010/220 über Sofortmaßnahmen für aus Indonesien eingeführte Sendungen mit zum menschlichen Verzehr bestimmten Zuchtfischereierzeugnissen, in dem festgelegt wurde, dass bei mindestens 20 % der Sendungen Proben zum Nachweis von Rückständen pharmakologisch wirksamer Stoffe, insbesondere von Chloramphenicol, Metaboliten von Nitrofuranen und Tetracyclinen (zumindest Tetracyclin, Oxytetracyclin und Chlortetracyclin), entnommen werden.

Weiterhin gab es Nachuntersuchungen von Aquakulturerzeugnissen auf Chloramphenicol, Nitrofuranmetaboliten und Antibiotika.

Im Einzelnen wurden folgende Untersuchungen durchgeführt:

2.3.4.1 Rinder

17 Rindfleischerzeugnisproben aus Brasilien wurden auf die Anthelminthika Ivermectin, Abamectin, Doramectin, Eprinomectin und Moxidectin getestet. Anthelminthika sind Mittel gegen Wurminfektionen. In acht der Proben (47,1 %) wurden Ivermectin nachgewiesen. Die Gehalte lagen zwischen 2,5 µg/kg und 58,3 µg/kg (Mittelwert: 17,7 µg/kg, Median: 13,0 µg/kg). Höchstgehalte sind nur für Leber, Niere und Fett festgelegt. Für Fleisch gibt es keinen Höchstgehalt. Dennoch sollte Ivermectin im Fleisch möglichst nicht enthalten sein. Seitens der Kommission wird derzeit diskutiert, aus Gründen der Rechtssicherheit einen Höchstgehalt für Muskulatur festzulegen.

2.3.4.2 Pferde

Insgesamt 89 Pferde wurden 2010 als Verdachtsproben untersucht, davon 87 aus Mexiko, 1 aus Argentinien und 1 aus den USA. Die Untersuchungszahlen verteilten sich wie in Tabelle 2-12 dargestellt.

Keine der Proben enthielt Rückstände in gesetzlich nicht erlaubtem Umfang.

2.3.4.3 Geflügel

Neun Entenfleischproben aus China wurden auf die Anthelminthika Ivermectin, Abamectin, Doramectin, Eprinomectin und Moxidectin getestet. In vier der Proben wurde Moxidectin mit Gehalten von 6,2 µg/kg, 13 µg/kg, 67 µg/kg und 78,7 µg/kg

nachgewiesen. Avermectin-Anthelminthika sind Mittel gegen Wurminfektionen. Sie dürfen bei Geflügel nicht angewendet werden.

2.3.4.4 Aquakulturen

Verbotene Stoffe

21 Proben von Nordseekrabben aus Bangladesch, 1 Fischprobe aus Vietnam, 5 Proben von Nordseekrabben aus Indien und 3 Proben Fische sowie 5 Proben Nordseekrabben aus Indonesien wurden auf Chloramphenicol und die Nitrofuranmetaboliten 3-Amino-2-oxazolidinon (AOZ), 5-Methylmorpholino-3-amino-2-oxazolidinon (AMOZ), 1-Aminohydantoin (AHD) und Semicarbazid (SEM) getestet. Weiterhin wurden auf die genannten Nitrofuranmetaboliten zwei Fischproben aus Bangladesch und einmal Garnelenfleisch aus Indien untersucht. Eine Probe von Garnelenfleisch aus Indien wurde auf den Nitrofuranmetaboliten 2-Hydroxy-3,5-dinitrobenzohydrazid geprüft. Rückstände dieser Stoffe wurden in keiner Probe nachgewiesen. Bei den genannten Stoffen handelt es sich um antibakteriell wirksame Stoffe, deren Anwendung bei lebensmittelliefernden Tieren verboten ist.

Chemische Elemente

Insgesamt wurden 131 Proben auf Quecksilber, 130 Proben auf Blei und 133 Proben auf Cadmium untersucht. Eine detaillierte Aufstellung der Befunde gibt Tabelle 2-13.

Aus Tabelle 13 geht hervor, dass eine Probe von Fischen aus Vietnam Quecksilber oberhalb des erlaubten Höchstgehaltes enthielt.

2.3.4.5 Kaninchen

Zwei Kaninchenproben aus China wurden auf Chloramphenicol mit negativem Ergebnis getestet. Chloramphenicol ist ein seit August 1994 bei Lebensmittel liefernden Tieren verbotenes Antibiotikum.

2.3.4.6 Honig

10 Proben wurden auf Linkosamide und Macrolide untersucht. Bei allen Stoffen handelt es sich um Stoffe mit antibakterieller Wirkung.

Keine der Proben enthielt Rückstände in gesetzlich nicht erlaubtem Umfang.

2.3.5 Meldepflicht nach Verordnung (EG) Nr. 136/2004

Nach Anhang II Nummer 4 der Verordnung (EG) Nr. 136/2004 sind die Mitgliedstaaten verpflichtet, der Kommission monatlich die positiven und negativen Ergebnisse der Laboruntersuchungen, die an ihren Grenzkontrollstellen durchgeführt wurden, mitzuteilen. Beprobungsgründe für die Sendungen waren Planproben, Schutzklauselentscheidungen (s. o.), vorangegangene Schnellwarnmeldungen und sonstige Verdachtsmeldungen.

Insgesamt wurden 2.234 Sendungen beprobt. Bei 43 Sendungen (1,92 %) kam es zu Beanstandungen. Die Beanstandungen verteilen sich auf die untersuchten Parameter wie aus

Tab. 2-12 EÜP, Verdachtsprobenzahlen bei Pferden

Verbotene Stoffe	Stilbene	15
	Synthetische Androgene	18
	Resorcylsäure-Lactone	22
	beta-Agonisten	48
	Nitrofurane	1
Antibakteriell wirksame Stoffe	Penicilline	1
	Chinolone	1
	Diaminopyrimidine	1
	Linkosamide	1
	Macrolide	1
	Sulfonamide	1
	Tetracycline	1
	Pleuromutiline	1
	Sonstige antibakteriell wirksame Stoffe	1
Mykotoxine		22

Tab. 2-13 EÜP, Ergebnisse von Verdachtsproben bei Aquakulturerzeugnissen.

Stoff	Tierart	Land	Anzahl Proben			Werte in mg/kg				erlaubter Höchstgehalt in mg/kg
			Untersucht	mit Rückständen	> Höchstgehalt	Min	Max	Mittelwert	Median	
Blei Pb	Fische	Indonesien	109	81	–	0,001	0,014	0,003	0,003	0,3
	Mollusken	Indonesien	3	3	–	0,016	0,005	0,034	0,010	1,5
	Shrimps	Indonesien	17	17	–	0,002	0,051	0,010	0,005	0,5
	Shrimps	Vietnam	1	1	–	0,051	0,051	0,051	0,051	0,5
Cadmium Cd	Fische	Indonesien	109	109	–	0,001	0,044	0,020	0,020	0,05
	Andere Mollusken	Indonesien	3	3	–	0,035	0,037	0,036	0,036	1
	Andere Mollusken	Vietnam	2	2	–	0,029	0,210	0,120	0,120	1
	Muscheln	Chile	1	1	–	0,261	0,261	0,261	0,261	1
	Shrimps	Indonesien	17	17	–	0,001	0,018	0,004	0,002	0,5
	Shrimps	Vietnam	1	1	–	0,199	0,199	0,199	0,199	0,5
Quecksilber Hg	Fische	Indonesien	109	109	–	0,016	0,460	0,084	0,068	0,5
	Fische	Vietnam	1	1	1	0,944	0,944	0,944	0,944	0,5
	Mollusken	Indonesien	3	3	–	0,013	0,034	0,023	0,021	0,5
	Mollusken	Indonesien	17	17	–	0,004	0,047	0,017	0,018	0,5
	Shrimps	Vietnam	1	1	–	0,007	0,007	0,007	0,007	0,5

Tabelle 2-14 ersichtlich. Dargestellt ist außerdem der prozentuale Anteil an der Gesamtuntersuchungszahl je Untersuchungsparameter.

Tab. 2-14 EÜP, Meldepflicht nach Verordnung (EG) Nr. 136/2004, Positive Befunde

Untersuchungsparameter	Anzahl		
	Untersuchungen	Beanstandungen	in %
Bakterien	287	20	7,0
Schwermetalle	419	7	1,7
Tierartbestimmung	21	4	19,0
Arzneimittel	1.015	5	0,5
Kohlenmonoxid	6	2	33,3
Histamin	159	3	1,9
falsch deklariert	1	1	100,0
Pestizide	34	1	2,9

2.4
Bewertungsbericht des Bundesinstituts für Risikobewertung zu den Ergebnissen des NRKP und EÜP 2010[70]

2.4.1 Gegenstand der Bewertung

Das Bundesinstitut für Risikobewertung (BfR) hat die Ergebnisse des Nationalen Rückstandskontrollplanes 2010 und des Einfuhrüberwachungsplanes 2010 aus Sicht des gesundheitlichen Verbraucherschutzes bewertet.

2.4.2 Ergebnis

Aufgrund der vorgelegten Ergebnisse des Nationalen Rückstandskontrollplanes 2010 und des Einfuhrüberwachungsplanes 2010 besteht bei einmaligem oder gelegentlichem Verzehr von Lebensmitteln tierischer Herkunft mit den berichteten Rückständen kein unmittelbares gesundheitliches Risiko für Verbraucher.

---

[70]Vollständige Version siehe http://www.bvl.bund.de (>Lebensmittel >Sicherheit und Kontrollen >NRKP 2007); hier z. T. gekürzt.

2.4.3 Begründung

2.4.3.1 Einführung

Der Nationale Rückstandskontrollplan (NRKP) ist ein Programm zur Überwachung von Lebensmitteln tierischer Herkunft in verschiedenen Produktionsstufen auf Rückstände von unerwünschten Stoffen.

Auf Grundlage des Einfuhrüberwachungsplanes (EÜP) werden tierische Erzeugnisse aus Drittländern auf Rückstände von unerwünschten Stoffen kontrolliert.

Ziel des NRKP ist es, die illegale Anwendung verbotener oder nicht zugelassener Substanzen aufzudecken, die Einhaltung der festgelegten Höchstmengen für Tierarzneimittelrückstände zu überprüfen sowie die Ursachen von Rückstandsbelastungen aufzuklären. Ebenso werden die Lebensmittel tierischen Ursprungs auf eine Belastung mit Umweltkontaminanten untersucht.

Die zuständigen Behörden der Bundesländer haben im Rahmen des NRKP 2010 bei der Untersuchung von insgesamt 55.883 Proben von Tieren oder tierischen Erzeugnissen über 507 Fälle in 410 Proben berichtet, in denen unerwünschte Stoffe in Lebensmitteln tierischen Ursprungs gefunden wurden (Tabelle 2-15).

Bei der Einfuhr von Lebensmitteln aus Drittländern wurden bei der Untersuchung von insgesamt 1.486 Proben von Tieren oder tierischen Erzeugnissen über 17 Fälle in 15 Proben berichtet, in denen Rückstände und Kontaminanten die festgelegten Höchstmengen überschritten oder die Proben nicht zugelassene Stoffe enthielten (Tabelle 2-16).

Eine detaillierte Beschreibung der Substanzen, die Zahl der Proben, die Art der Probennahmen und die untersuchten Tierarten sind den Berichten des BVL „Jahresbericht 2010 zum Nationalen Rückstandskontrollplan" und „Jahresbericht 2010 zum Einfuhrüberwachungsplan (EÜP)" unter http://www.bvl.bund.de/nrkp zu entnehmen.

2.4.3.2 Allgemeine Bewertung

Im Vergleich zum Vorjahr 2009, in dem in 247 Fällen (0,45 %) Rückstände und Kontaminanten nachgewiesen wurden, hat sich die Zahl der Proben mit Gehalten oberhalb von Höchstmengen bzw. nicht eingehaltener Nulltoleranz auf 507 Fälle (0,91 %) verdoppelt. Dies ist hauptsächlich durch die erhöhte Anzahl an positiven Befunden chemischer Elemente begründet. Insgesamt befindet sich die Gesamtzahl positiver Befunde jedoch weiterhin auf einem niedrigen Niveau.

Aus Gründen des vorsorgenden Verbraucherschutzes sollte die Belastung von Tieren und tierischen Erzeugnissen mit Rückständen und Kontaminanten so weit wie möglich minimiert werden. Insofern sind unnötige und vermeidbare zusätzliche Belastungen, insbesondere durch nicht zulässige Überschreitungen der gesetzlich festgelegten Höchstmengen oder der Nulltoleranz generell nicht zu akzeptieren. Ware, die verbotene Stoffe enthält bzw. Höchstmengen überschreitet, ist aus lebensmittelrechtlicher Sicht nicht verkehrsfähig.

Tab. 2-15 Positive Rückstandsbefunde des NRKP 2010, aufgeteilt nach Stoffgruppen.

Stoffgruppe A nach Richtlinie 96/23/EG	Substanzgruppe	Substanzklasse (Stoff)	Anzahl positiver Befunde in Tieren oder tierischen Erzeugnissen
Stoffe mit anaboler Wirkung und nicht zugelassene Stoffe	A 4: Resorcylsäure-Lactone (einschließlich Zeranol)	Zeranol Taleranol	2 1
	A 6: Stoffe der Tabelle 2 des Anhangs der Verordnung (EU) Nr. 37/2010	Chloramphenicol, Nitroimidazole	2 3
Stoffgruppe B nach Richtlinie 96/23/EG	**Substanzgruppe**	**Substanzklasse (Stoff)**	**Anzahl positiver Befunde in Tieren oder tierischen Erzeugnissen**
Tierarzneimittel und Kontaminanten	B 1: Stoffe mit antibakterieller Wirkung, ohne Hemmstofftests	Aminoglycoside Penicilline Chinolone Sulfonamide Tetracycline	1 3 2 4 5
	B 2: Sonstige Tierarzneimittel	Kokzidiostatika NSAIDs Synthetische Kortikosteroide Sonstige Stoffe	 2 8 3 1
	B 3: Andere Stoffe und Kontaminanten	Organische Chlorverbindungen, einschließlich PCB Chemische Elemente Farbstoffe Sonstige Stoffe	2 453 14 1

Stoffgruppe B nach Richtlinie 96/23/EG	Substanzgruppe	Substanzklasse (Stoff)	Anzahl positiver Befunde in Tieren oder tierischen Erzeugnissen
Tierarzneimittel und Kontaminanten	B 1: Stoffe mit antibakterieller Wirkung, ohne Hemmstofftests	Tetracycline	1
	B 2: Sonstige Tierarzneimittel	Anthelmintika	1
		Pyrethroide	1
	B 3: Andere Stoffe und Kontaminanten	Chemische Elemente	14

Tab. 2-16 Positive Rückstandsbefunde des EÜP 2010 aufgeteilt nach Stoffgruppen.

2.4.3.3 Verwendete Verzehrsdaten

Die Schätzung der Exposition der Bevölkerung und der damit verbundenen potentiellen gesundheitlichen Risiken wurde auf Basis der höchsten gemessenen Gehalte und der Verzehrsdaten aus der Nationale Verzehrsstudie II (NVS II) durchgeführt. Die NVS II ist die zurzeit aktuelle repräsentative Studie zum Verzehr der erwachsenen deutschen Bevölkerung. Die vom Max-Rubner-Institut (MRI) durchgeführte Studie, bei der insgesamt etwa 20.000 Personen im Alter zwischen 14 und 80 Jahren mittels drei verschiedener Erhebungsmethoden (Dietary History, 24h-Recall und Wiegeprotokoll) befragt wurden, fand zwischen 2005 und 2006 in ganz Deutschland statt (MRI, 2008).

Die Auswertungen für die chronische Exposition beruhen auf Daten der „Dietary History"-Interviews der NVS II, die mit Hilfe des Programms „DISHES 05" erhoben wurden (MRI, 2008). Mit der „Dietary History"-Methode wurden 15.371 Personen befragt und retrospektiv ihr üblicher Verzehr der letzten vier Wochen (ausgehend vom Befragungszeitpunkt) erfasst. Sie liefert gute Schätzungen für die langfristige Aufnahme von Stoffen, wenn Lebensmittel in allgemeinen Kategorien zusammengefasst werden oder Lebensmittel betrachtet werden, die einem regelmäßigen Verzehr unterliegen.

Für 14.468 Personen wurden in den Studienzentren Messungen des Körpergewichtes vorgenommen, für 846 Personen konnte die Selbstangabe im Interview nach Plausibilitätsprüfung als Schätzwert für das Körpergewicht verwendet oder korrigiert werden. Für die verbleibenden 57 Personen wurden in Anlehnung an die „Hot-Deck"-Methode (Little & Rubin, 2002) die Werte der gesamten Stichprobe nach Geschlecht, Altersgruppen, Schicht und Schwangerschaftstrimester stratifiziert und aufsteigend nach der errechneten Kalorienaufnahme sortiert. Der jeweils „ähnlichste Nachbar" der entstehenden Teilstichproben wurde als Ersatzwert für die fehlenden Angaben zum Körpergewicht gewählt.

Die Verzehrsdatenauswertungen wurden im Rahmen des vom Bundesministerium für Umwelt, Naturschutz und Reaktorsicherheit finanzierten Projektes „LExUKon" (Lebensmittelbedingte Aufnahme von Umweltkontaminanten, Blume et al., 2010) am BfR durchgeführt.

Für einige Lebensmittel konnten keine Einzelauswertungen vorgenommen werden, da sie entweder nicht verzehrt wurden oder zu selten verzehrt wurden, um repräsentative Aussagen zum Verzehr treffen zu können. Selten verzehrte Lebensmittel lassen sich mit der „Dietary History"-Methode nur schwer erfassen, da diese den üblichen Verzehr der Befragten widerspiegelt. Aufgrund des geringen Verzehreranteils kann es bei der Betrachtung der Verzehrsmengen, bezogen auf die Gesamtstichprobe (alle Befragte), zu Unterschätzungen kommen. Deshalb werden für diese Gruppen die Verzehrsmengen der Verzehrer herangezogen, die aber nicht dem Durchschnittsverzehr der Gesamtbevölkerung entsprechen.

Für die Berechnung der Verzehrsmengen wurden Rezepte/Gerichte und nahezu alle zusammengesetzten Lebensmittel in ihre unverarbeiteten Einzelbestandteile aufgeschlüsselt und gegebenenfalls Verarbeitungsfaktoren berücksichtigt. Somit sind alle relevanten Verzehrsmengen eingeflossen. Die Rezepte sind größtenteils mit Standardrezepturen hinterlegt und berücksichtigen somit keine Variation in der Zubereitung/Herstellung und den daraus folgenden Verzehrsmengen.

Für die Wirkstoffe trans-Permethrin, Nikotin und DEET (N,N-Dimethyl-m-toluamid) wurde die Abschätzung der Exposition der Bevölkerung und der damit verbundenen potentiellen gesundheitlichen Risiken auf Basis der gemessenen Rückstände und der Verzehrsdaten verschiedener europäischer Konsumentengruppen gemäß dem EFSA-Modell PRIMo (EFSA, 2008) durchgeführt. Die Verzehrsdaten für deutsche Kinder im Alter von 2 bis unter 5 Jahren (VELS-Modell (Banasiak et al., 2005)) sind Teil dieses Modells.

Die Abschätzung potentieller chronischer Risiken für Verbraucher stellt eine deutliche Überschätzung dar, da vereinfachend angenommen wurde, dass das jeweilige Erzeugnis immer mit der berichteten Rückstandskonzentration belastet war und die beprobten Matrices zudem nur einen sehr geringen Teil des Ernährungsspektrums abdecken. Ohne weitere Informationen zur „Hintergrundbelastung" aus anderen Lebensmitteln lässt sich für die zu bewertenden Stoffe die chronische Gesamtexposition nicht realistisch abschätzen.

2.4.3.4 Bewertung der einzelnen Stoffe

2.4.3.4.1 Stoffgruppe A: Stoffe mit anaboler Wirkung und nicht zugelassene Stoffe

Im Jahr 2010 wurden im Rahmen des NRKP insgesamt 28.417 Proben von Tieren oder tierischen Erzeugnissen auf Rückstände der Gruppe A (verbotene Stoffe mit anaboler Wirkung und nicht zugelassene Stoffe) untersucht, davon wurden 6 (0,02 %) positiv getestet.

Im Rahmen des EÜP wurden im Jahr 2010 insgesamt 404 Proben von Tieren oder tierischen Erzeugnissen auf Rückstände der Gruppe A (verbotene Stoffe mit anaboler Wirkung und nicht zugelassene Stoffe) untersucht, dabei wurde keine Probe positiv getestet.

Resorcylsäure-Lactone einschließlich Zeranol (Gruppe A 4)
Das zur Gruppe der Resorcylsäure-Lactone gehörende **Taleranol** (β-Zearalanol) wurde im Urin eines von 68 getesteten Mastkälbern in Höhe von 17 µg/kg gefunden. In diesem Tier wurden auch Rückstände von **Zeranol** (α-Zearalanol) in Höhe von 9,5 µg/kg nachgewiesen. **Zeranol** (α-Zearalanol) im Urin wurde außerdem bei einem von 387 getesteten Mastrindern gefunden. Die gemessenen Konzentrationen im Urin lagen bei 1,2 µg/kg. Taleranol ist ein Epimer des Zeranols, dessen Verwendung als Masthilfsmittel verboten ist. Nachweise von Zeranol und Taleranol im Urin können auch natürliche Ursachen haben. Beide Substanzen werden durch Schimmelpilze der Gattung *Fusarium* oder durch die Umwandlung der Mykotoxine Zearalenon sowie α- und β-Zearalenol gebildet. Eine Unterscheidung zwischen endogenen Gehalten und Gehalten, die auf eine illegale Anwendung zurückzuführen sind, ist schwierig. Im Ergebnis der Ermittlungen zur Aufklärung der Rückstandsursachen durch die zuständigen Behörden der Länder wird davon ausgegangen, dass mykotoxinhaltiges Futter verabreicht wurde (mündliche Mitteilung auf der Jahresarbeitstagung zum NRKP 2012 am 20. und 21. 09. 2011).

Ein mögliches Vorkommen in tierischen Produkten ist zwar nicht auszuschließen, eine direkte Gefährdung der Verbraucher – bedingt durch die Matrix und die geringe Konzentration – ist jedoch unwahrscheinlich.

Stoffe aus der Tabelle 2 des Anhangs der Verordnung (EU)
Nr. 37/2010 (Gruppe A 6)
Die Verabreichung von **Chloramphenicol** an Tiere, die zur Nahrungsmittelerzeugung genutzt werden, ist verboten. Insgesamt wurden 2.348 Mastrinder auf Rückstände von Chloramphenicol untersucht. Im Muskelfleisch eines Tieres wurde Chloramphenicol mit einer Konzentration von 0,98 µg/kg nachgewiesen. Im Plasma eines weiteren Mastrindes wurden 0,8 µg/kg Chloramphenicol detektiert. Diese Konzentrationen liegen oberhalb der Mindestleistungsgrenze (Minimum Required Performance Limit – MRPL) der Analysenmethode zur Bestimmung von Chloramphenicol[71]. Im Rahmen der Aufklärung der Rückstandsursachen durch die zuständigen Behörden der Länder wurde ermittelt, dass die hier vorliegenden Chloramphenicol-Befunde auf Verschleppungen bei der Probenahme zurückzuführen sind. In diesem Zusammenhang wurde auf der Jahresarbeitstagung zum NRKP 2012 am 20. und 21. 09. 2011 noch einmal auf die Bedeutung der Einhaltung der Probenahmevorschriften verwiesen.

Der zur Gruppe der Nitroimidazole gehörige Wirkstoff **Metronidazol** wurde mit einer Konzentration von 3 µg/kg im Plasma eines von 441 untersuchten Mastrindern gefunden. Aufgrund des Verdachts auf Genotoxizität und Kanzerogenität wurde Metronidazol in die Tabelle 2 des Anhangs der Verordnung (EU) Nr. 37/2010 aufgenommen. Der Einsatz bei Tieren, die der Lebensmittelgewinnung dienen, ist somit verboten. Der hier vorliegende Messwert deutet auf den illegalen Einsatz dieser Substanz hin. Berücksichtigt man, dass es sich hier um einen Einzelbefund im Plasma handelt, ist in Hinsicht auf die chronische Belastung nicht von einem Risiko für den Verbraucher durch Rückstände von Metronidazol auszugehen.

Metronidazol und dessen Metabolit **Hydroxymetronidazol** wurden in der Muskelprobe eines von 4.746 untersuchten Schweinen detektiert. Die Konzentrationen betrugen 1,57 µg/kg für die Muttersubstanz und 0,32 µg/kg für den Metaboliten. Im Rahmen der Aufklärung der Rückstandsursachen durch die zuständigen Behörden der Länder wurde ermittelt, dass der hier vorliegende gleichzeitige Befund an Metronidazol und dessen Hydroxymetaboliten in einer Muskelprobe auf Verschleppungen bei der Probenahme zurückzuführen sind. In diesem Zusammenhang wurde auf der Jahresarbeitstagung zum NRKP 2012 am 20. und 21.09.2011 noch einmal auf die Bedeutung der Einhaltung der Probenahmevorschriften verwiesen.

Zusammenfassende Bewertung der Ergebnisse für die Stoffe der Gruppe A
Die gesundheitliche Beeinträchtigung der Verbraucher durch die im Rahmen des NRKP 2010 gemessenen Rückstände von Stoffen mit anaboler Wirkung und nicht zugelassenen Stoffen wird als sehr gering bewertet.

2.4.3.4.2   Gruppe B 1: Antibakteriell wirksame Stoffe (Nachweise ohne Hemmstofftests)

Im Jahr 2010 wurden im Rahmen des NRKP insgesamt 16.884 Proben auf Rückstände der Gruppe B 1 (antibakteriell wirksame Stoffe) untersucht, davon wurden 13 (0,1 %) positiv getestet.

Im Rahmen des EÜP wurden im Jahr 2010 insgesamt 363 Proben von Tieren oder tierischen Erzeugnissen auf antibakteriell wirksame Stoffe untersucht, davon wurde eine Probe (0,3 %) positiv getestet.

Bei einem von 1.684 untersuchten Schweinen wurde in der Niere eine Höchstmengen-Überschreitung für den zur Gruppe der Aminoglykoside gehörenden Stoff **Dihydrostreptomycin** festgestellt (1.370 µg/kg). Die zulässige Höchstmenge in der Niere von Schweinen beträgt 1.000 µg/kg (Verordnung (EU) Nr. 37/2010). Ein ADI-Wert (Acceptable Daily Intake, akzeptable tägliche Aufnahmemenge) für Dihydrostreptomycin von 25 µg/kg KG und Tag wurde abgeleitet (EMEA, 2005).

Für den Verzehr von Niere (Schwein, Rind, Kalb, Schaf/Lamm) betrug nach den Daten der NVS II das 95. Perzentil aller Verzehrer für die Langzeitaufnahme 0,078 g Niere/kg KG und Tag. Unter der Annahme, dass alle verzehrten „Nieren" einen Dihydrostreptomycin-Rückstand in Höhe von 1.370 µg/kg aufweisen, würde ein Vielverzehrer ca. 0,11 µg Dihydrostreptomycin/kg KG und Tag aufnehmen. Dies entspricht einem Anteil von ca. 0,4 % des ADI-Wertes. In Anbetracht dieses Einzelbefundes ist hinsichtlich der chronischen Belastung nicht von einem

---

[71] Entscheidung 2003/181/EG der Kommission vom 13. März 2003 zur Änderung der Entscheidung 2002/657/EG hinsichtlich der Festlegung von Mindestleistungsgrenzen (MRPL) für bestimmte Rückstände in Lebensmitteln tierischen Ursprungs; ABl. L 71 vom 15. 03. 2003 S. 17

Risiko für den Verbraucher durch Rückstände von Dihydrostreptomycin auszugehen.

Bei einem von 1.655 untersuchten Schweinen wurde in der Niere eine Höchstmengen-Überschreitung für den zur Gruppe der Penicilline gehörenden Stoff **Penicillin G (Benzylpenicillin)** festgestellt (360 µg/kg). Die zulässige Höchstmenge in der Niere von Schweinen beträgt 50 µg/kg (Verordnung (EU) Nr. 37/2010). Für Benzylpenicillin wurde ein ADI-Wert von 0,03 mg/Person und Tag (JECFA, 1990) abgeleitet, das entspricht bei einem Personen-Gewicht von 60 kg 0,5 µg/kg KG und Tag.

Für den Verzehr von Niere betrug nach den Daten der NVS II das 95. Perzentil aller Verzehrer für die Langzeitaufnahme 0,078 g Niere/kg KG und Tag. Somit würde ein Vielverzehrer ca. 0,03 µg Benzylpenicillin/kg KG und Tag aufnehmen. Dies entspricht einem Anteil von ca. 5,6 % des ADI-Wertes. Berücksichtigt man, dass es sich hier um einen Einzelbefund handelt, ist in Hinsicht auf die chronische Belastung nicht von einem Risiko für den Verbraucher durch Rückstände von Benzylpenicillin auszugehen.

In der Niere einer von 91 untersuchten Kühen wurde **Amoxycillin (Hydroxyampicillin)** in einer Konzentration von 1.676 µg/kg detektiert. Die zulässige Höchstmenge für Niere von 50 µg/kg (Verordnung (EU) Nr. 37/2010) wurde um den Faktor 34 überschritten. Der ADI-Wert für Amoxycillin beträgt 30 µg/Person und Tag (EMEA, 2008), das entspricht bei einem Personen-Gewicht von 60 kg 0,5 µg/kg KG und Tag.

Für den Verzehr von Niere von Säugern betrug nach den Daten der NVS II das 95. Perzentil aller Verzehrer für die Langzeitaufnahme 0,078 g Niere/kg KG und Tag. Somit würde ein Vielverzehrer ca. 0,13 µg Amoxycillin/kg KG und Tag aufnehmen. Dies entspricht einem Anteil von ca. 26 % des ADI-Wertes. Berücksichtigt man, dass es sich hier um ein einzelnes Tier handelt, in dessen verzehrsfähigem Gewebe Rückstände von Amoxycillin gefunden wurden, ist insgesamt im Hinblick auf die chronische Belastung nicht von einem Risiko für den Verbraucher auszugehen.

Bei einer von 340 untersuchten Milchproben wurde der Wirkstoff **Ampicillin** mit einer Konzentration von 16,8 µg/kg detektiert. Die zulässige Höchstmenge in Milch liegt bei 4 µg/kg (Verordnung (EU) Nr. 37/2010).

Der ADI-Wert für Ampicillin beträgt 30 µg/Person und Tag (EMEA, 2008), das entspricht bei einem Personen-Gewicht von 60 kg 0,5 µg/kg KG und Tag.

Für den Verzehr von Milch und -produkten (inkl. Butter) betrug nach den Daten der NVS II das 95. Perzentil aller Befragten für die Langzeitaufnahme 10,565 g/kg KG und Tag. Somit würde ein Vielverzehrer (95. Perzentil der Gesamtbevölkerung) ca. 0,18 µg Ampicillin/kg KG und Tag aufnehmen. Dies entspricht einem Anteil von ca. 36 % des ADI-Wertes. In Anbetracht dieses Einzelbefundes und der methodischen Überschätzung durch die vereinfachende Annahme, dass alle verzehrte Milch und -produkte (inkl. Butter) mit der hier gemessenen Konzentration an Ampicillin belastet sei, ist hinsichtlich der chronischen Belastung nicht von einem Risiko für den Verbraucher durch Rückstände von Ampicillin auszugehen.

Aufgrund der ähnlichen antimikrobiellen Aktivität von Tetracyclin, Oxytetracyclin und Chlortetracyclin wurde für die 3 Wirkstoffe der gleiche ADI-Bereich von 0–3 µg/kg KG und Tag

(EMEA, 1995) festgelegt. Deshalb wurden für alle zur Lebensmittelerzeugung genutzten Arten identische Höchstmengen für Tetracyclin, Oxytetracyclin und Chlortetracyclin festgelegt. Sie liegen bei 600 µg/kg für Niere bzw. 100 µg/kg für Muskelfleisch (Verordnung (EU) Nr. 37/2010) für jeden der 3 Wirkstoffe.

Bei insgesamt 3.450 untersuchten Schweinen wurde in Muskulatur und Niere eines Tieres **Tetracyclin** in Konzentrationen von 222 µg/kg in der Muskulatur und 745 µg/kg in der Niere detektiert.

Für den Verzehr von Niere betrug nach den Daten der NVS II das 95. Perzentil aller Verzehrer für die Langzeitaufnahme 0,078 g Niere/kg KG und Tag. Somit würde ein Vielverzehrer ca. 0,06 µg Tetracyclin/kg KG und Tag aufnehmen. Dies entspricht einem Anteil von ca. 2 % des ADI-Wertes von 3 µg/kg KG und Tag.

Für den Verzehr von Schweinefleisch betrug nach den Daten der NVS II das 95. Perzentil aller Befragten für die Langzeitaufnahme 1,629 g Schweinefleisch/kg KG und Tag. Somit würde ein Vielverzehrer (95. Perzentil der Gesamtbevölkerung) ca. 0,36 µg Tetracyclin/kg KG und Tag aufnehmen. Dies entspricht einem Anteil von ca. 12 % des ADI-Wertes von 3 µg/kg KG und Tag.

Im Rahmen der Untersuchungen zum EÜP wurde **Oxytetracyclin** in der Muskulatur eines von 7 untersuchten Pferden mit einer Konzentration von 152 µg/kg detektiert.

Pferdefleisch gehört zu den selten verzehrten Lebensmitteln. Nach den Daten der NVS II betrug das 95. Perzentil aller Verzehrer für die Langzeitaufnahme 0,230 g Pferdefleisch/kg KG und Tag. Somit würde ein Vielverzehrer ca. 0,04 µg Oxytetracyclin/kg KG und Tag aufnehmen. Dies entspricht einer ADI-Ausschöpfung von ca. 1 % bezogen auf den ADI-Wert von 3 µg/kg KG und Tag.

602 Masthähnchen wurden auf Rückstände des Wirkstoffes **Doxycyclin** untersucht. Bei 3 Tieren wurden in der Muskulatur Konzentrationen im Bereich von 112 µg/kg bis 160 µg/kg gemessen. Die zulässige Höchstmenge für Doxycyclin im Muskelfleisch von Geflügel liegt bei 100 µg/kg (Verordnung (EU) Nr. 37/2010). Der mikrobiologische ADI-Wert[72] für Doxycyclin beträgt 3 µg/kg KG und Tag (EMEA, 1997a).

Für den Verzehr von Geflügelfleisch betrug nach den Daten der NVS II das 95. Perzentil aller Befragten für die Langzeitaufnahme 0,666 g Geflügelfleisch/kg KG und Tag. Somit würde ein Vielverzehrer (95. Perzentil der Gesamtbevölkerung), der ausschließlich Geflügelfleisch mit der höchsten im Rahmen des NRKP 2010 gemessenen Konzentration an Doxycyclin konsumiert, ca. 0,11 µg Doxycyclin/kg KG und Tag aufnehmen. Dies entspricht einem Anteil von ca. 3,6 % des ADI-Wertes.

Insgesamt wird keine Gefährdung der Verbraucher aufgrund des Verzehrs dieser mit Tetracyclinen belasteten Lebensmittel erwartet.

Der zur Gruppe der Chinolone gehörende Wirkstoff **Difloxacin** wurde bei der Untersuchung von insgesamt 17 Legehennen (Suppenhühnchen) in der Muskulatur eines Tieres detek-

---

[72] In Anlehnung an die Vorgehensweise des CVMP (Committee for Veterinary Medicinal Products) der EMA (European Medicines Agency) wird der mikrobiologische ADI-Wert für Berechnungen herangezogen, wenn dieser kleiner als der toxikologische oder pharmakologische ADI-Wert ist.

tiert. Die gemessene Konzentration von 431 µg/kg überschritt die zulässige Höchstmenge von 300 µg/kg für Muskel (Verordnung (EU) Nr. 37/2010). Der ADI-Wert für Difloxacin beträgt 10 µg/kg KG und Tag (EMEA, 2000a).

Für den Verzehr von Fleisch von Suppenhühnern betrug nach den Daten der NVS II das 95. Perzentil aller Verzehrer für die Langzeitaufnahme 0,170 g Fleisch/kg KG und Tag. Somit würde ein Vielverzehrer ca. 0,07 µg Difloxacin/kg KG und Tag aufnehmen. Dies entspricht einem Anteil von ca. 0,7 % des ADI-Wertes.

17 Legehennen (Suppenhühnchen) wurden auf Rückstände des Wirkstoffes **Sarafloxacin** untersucht. In der Leber eines Tieres wurde Sarafloxacin in einer Konzentration von 150 µg/kg gemessen. Es handelt sich dabei um dasselbe Tier, in dem auch schon Rückstände von Difloxacin detektiert wurden. Die zulässige Höchstmenge für Sarafloxacin in der Leber von Geflügel liegt bei 100 µg/kg (Verordnung (EU) Nr. 37/2010). Der (mikrobiologische) ADI-Wert für Sarafloxacin beträgt 0,4 µg/kg KG und Tag (EMEA, 1996).

Für den Verzehr von Geflügelleber betrug nach den Daten der NVS II das 95. Perzentil aller Verzehrer für die Langzeitaufnahme 0,145 g Leber/kg KG und Tag. Somit würde ein Vielverzehrer ca. 0,02 µg Sarafloxacin/kg KG und Tag aufnehmen. Dies entspricht einem Anteil von ca. 5,4 % des ADI-Wertes.

Berücksichtigt man, dass es sich hier um ein einzelnes Tier handelt, in dessen verzehrsfähigem Gewebe Rückstände von Chinolonen gefunden worden, ist insgesamt im Hinblick auf die chronische Belastung nicht von einem Risiko für den Verbraucher auszugehen.

3.917 Schweine wurden auf Rückstände von **Sulfonamiden** untersucht. Die für alle zur Lebensmittelerzeugung genutzten Arten gültigen Höchstmengen für die Summe aller Sulfonamide liegen sowohl für Muskelfleisch als auch für Niere bei 100 µg/kg (Verordnung (EU) Nr. 37/2010).

In Muskulatur eines von 3.915 getesteten Tieren und in der Niere eines weiteren Tieres wurden erhöhte Konzentrationen von **Sulfadiazin** gemessen. Diese lagen in der Nierenprobe bei 185,2 µg/kg und in der Muskulatur bei 146 µg/kg. Für Sulfadiazin wurde ein ADI-Wert von 0,02 mg/kg KG und Tag abgeleitet (APVMA, 2000). Für den Verzehr von Niere betrug nach den Daten der NVS II das 95. Perzentil aller Verzehrer für die Langzeitaufnahme 0,078 g Niere/kg KG und Tag. Somit würde ein Vielverzehrer ca. 0,014 µg Sulfadiazin/kg KG und Tag aufnehmen. Dies entspricht einem Anteil von ca. 0,1 % des ADI-Wertes. Für den Verzehr von Schweinefleisch betrug nach den Daten der NVS II das 95. Perzentil aller Befragten für die Langzeitaufnahme 1,629 g Schweinefleisch/kg KG und Tag. Somit würde ein Vielverzehrer ca. 0,24 µg Sulfadiazin/kg KG und Tag aufnehmen. Dies entspricht einem Anteil von ca. 1,2 % des ADI-Wertes.

Der Wirkstoff **Sulfathiazol** wurde in zwei von 117 untersuchten Honigproben mit Konzentrationen von 27,4 µg/kg bzw. 54,9 µg/kg detektiert. Für die Matrix Honig sind in der Verordnung (EU) Nr. 37/2010 keine Höchstmengen für Sulfonamide festgelegt, somit gilt die Nulltoleranz. Der Wirkstoff Sulfathiazol darf bei Bienen und -produkten nicht eingesetzt werden. Die gemessene Konzentration in Höhe von 54,9 µg/kg überschritt die vom zuständigen Europäischen Referenzlabor empfohlene Konzentration für die Analysenmethoden zur Be-

stimmung von Sulfonamiden in Honig von 50 µg/kg (CRL Guidance Paper, 2007). Im Rahmen der Aufklärung der Rückstandsursachen durch die zuständigen Behörden der Länder wurde ermittelt, dass die hier vorliegenden Befunde an Sulfathiazol auf die Anwendung des Wirkstoffes durch einen Hobby-Imker zurückzuführen sind. Es wurden ordnungs- und strafrechtliche Maßnahmen eingeleitet.

Berücksichtigt man, dass es sich hier um Einzelbefunde handelt, ist im Hinblick auf die chronische Belastung nicht von einem Risiko für den Verbraucher durch Rückstände von Sulfonamiden auszugehen.

Zusammenfassende Bewertung der Ergebnisse für die Stoffe der Gruppe B 1

Die gesundheitliche Beeinträchtigung der Verbraucher durch die im Rahmen des NRKP 2010 gemessenen Rückstände von Stoffen mit antibakterieller Wirkung wird als sehr gering bewertet. Aufgrund der geringen Zahl von Rückstandsbefunden ist nicht von einem Risiko für den Verbraucher durch die Rückstände antibakteriell wirksamer Stoffe auszugehen. Anzumerken ist, dass vor allem bei wiederholter Exposition das Risiko der Ausbildung von Antibiotika-Resistenzen bestehen kann.

2.4.3.4.3   Gruppe B 2: Sonstige Tierarzneimittel

Im Jahr 2010 wurden im Rahmen des NRKP insgesamt 22.235 Proben auf sonstige Tierarzneimittel untersucht, davon wurden 11 (0,05 %) positiv getestet.

Im Rahmen des EÜP wurden im Jahr 2010 insgesamt 439 Proben von Tieren oder tierischen Erzeugnissen auf sonstige Tierarzneimittel untersucht, davon wurden zwei Proben (0,46 %) positiv getestet.

Anthelminthika (Gruppe B 2 a)

In der Niere einer von 94 untersuchten Kühen wurde **Diclofenac** in einer Konzentration von 20 µg/kg detektiert. Der ADI-Wert für Diclofenac beträgt 0,5 µg/kg KG und Tag (EMEA, 2009). Die zulässige Höchstmenge liegt für Niere von Rindern bei 10 µg/kg (Verordnung (EU) Nr. 37/2010).

Für den Verzehr von Niere von Säugern betrug nach den Daten der NVS II das 95. Perzentil aller Verzehrer für die Langzeitaufnahme 0,078 g Niere/kg KG und Tag. Somit würde ein Vielverzehrer ca. 0,002 µg Diclofenac/kg KG und Tag aufnehmen. Dies entspricht einem Anteil von ca. 0,3 % des ADI-Wertes.

Im Rahmen der Untersuchungen zum EÜP wurde **Ivermectin**, ein weiterer Wirkstoff aus der Gruppe der Anthelminthika, in der Muskulatur eines von 27 untersuchten Fischen mit einer Konzentration von 7,9 µg/kg detektiert. Für die Matrix Fisch sind in der Verordnung (EU) Nr. 37/2010 keine Höchstmengen für Ivermectin festgelegt, somit gilt die Nulltoleranz. Der ADI-Wert für Ivermectin beträgt 10 µg/kg KG und Tag (EMEA, 2004a).

Für den Verzehr von Fisch (Süßwasserfische insgesamt) betrug nach den Daten der NVS II das 95. Perzentil aller Verzehrer für die Langzeitaufnahme 0,150 g Fisch/kg KG und Tag. Somit würde ein Vielverzehrer ca. 0,002 µg Ivermectin/kg KG und Tag aufnehmen. Dies entspricht einem Anteil von ca. 0,02 % des ADI-Wertes.

Ein Risiko für den Konsumenten beim Verzehr dieser mit Anthelminthika belasteten Lebensmittel ist unwahrscheinlich.

Kokzidiostatika (Gruppe B 2 b)

Kokzidiostatika (und Histomonostatika) sind Stoffe, die zur Abtötung von Protozoen oder zur Hemmung des Wachstums von Protozoen dienen und sowohl als Tierarzneimittel als auch als Futtermittelzusatzstoffe zugelassen werden können.

Toltrazurilsulfon ist nicht als Futtermittelzusatzstoff, sondern ausschließlich als Tierarzneimittel zur Bekämpfung der Kokzidiose zugelassen. Der Hauptmetabolit von Toltrazuril (Handelsname: Baycox) ist ein Triazinonwirkstoff mit breitem antikokzidiellem Wirkungsspektrum zur oralen Anwendung für die Behandlung von Kokzidosen. Die empfohlene Behandlung von Kokzidosen bei Hühnern und Truthühnern ist die orale Applikation von Toltrazurilsulfon im Trinkwasser über zwei aufeinander folgende Tage mit jeweils 7 mg pro kg Körpergewicht. Aufgrund der Intensivhaltung sind alle, auch die nicht erkrankten Vögel einer Herde zu behandeln.

Gemäß der Verordnung (EU) Nr. 37/2010 über pharmakologisch wirksame Stoffe und ihre Einstufung hinsichtlich der Rückstandshöchstmengen in Lebensmitteln tierischen Ursprungs sind die Rückstandshöchstgehalte von Toltrazurilsulfon in Geflügel- und in Säugetierarten unterschiedlich geregelt. Die entsprechenden Höchstgehalte für Toltrazurilsulfon in Leber und Muskel aus Geflügel sind 600 µg/kg bzw. 100 µg/kg. Toltrazuril darf nicht bei Geflügel angewendet werden, deren Eier für den menschlichen Verzehr bestimmt sind.

Im Tierversuch wird Toltrazuril bei Hühnern nach der Applikation von 8 mg/kg Körpergewicht über zwei aufeinander folgende Tage innerhalb von 4,5 Tagen zu 50 % und nach 15,5 Tagen zu 90 % über den Kot eliminiert (EMEA, 1998).

Bei insgesamt 80 untersuchten Truthühnern wurden in Leber und Muskulatur eines Tieres die Höchstgehalte von Toltrazurilsulfon in der Leber mit 1.285 µg/kg und in der Muskelprobe mit 346 µg/kg überschritten. Der ADI für Toltrazurilsulfon liegt bei 2 µg/kg Körpergewicht, entsprechend 120 µg pro Tag bei einer 60 kg Person (EMEA, 2004b).

Aus den Daten der NVS II konnten für Muskulatur und Leber von Truthühnern keine Auswertungen vorgenommen werden, da sie entweder nicht verzehrt wurden (Truthahnleber) oder keine Abgrenzung der Daten möglich war (Truthahnfleisch/Putenfleisch). Deshalb wurden zur Beurteilung der Befunde an Toltrazurilsulfon in Leber von Truthahn näherungsweise die Verzehrsdaten für Leber von Geflügel verwendet. Für den Verzehr von Geflügelleber betrug nach den Daten der NVS II das 95. Perzentil aller Verzehrer für die Langzeitaufnahme 0,145 g/kg KG und Tag. Somit würde ein Vielverzehrer ca. 0,19 µg Toltrazurilsulfon/kg KG und Tag aufnehmen. Dies entspricht einem Anteil von ca. 9 % des ADI-Wertes von 2 µg/kg KG und Tag.

Da der Verzehr von Truthahnfleisch aus den Daten der NVS II nicht abgelesen werden kann, wurde für die Expositionsschätzung der Befunde von Toltrazurilsulfon in Muskulatur von Truthahn Verzehrsdaten für Muskelfleisch von Pute verwendet. Für den Verzehr von Putenfleisch betrug nach den Daten der NVS II das 95. Perzentil aller Befragten für die Langzeitaufnahme 0,174 g Putenfleisch/kg KG und Tag. Somit würde ein Vielverzehrer (95. Perzentil der Gesamtbevölkerung) ca. 0,06 µg Toltrazurilsulfon/kg KG und Tag aufnehmen. Dies entspricht einem Anteil von ca. 3 % des ADI-Wertes von 2 µg/kg KG und Tag.

Berücksichtigt man, dass es sich hier um ein einzelnes Tier handelt, in dessen verzehrsfähigem Gewebe Rückstände von Toltrazurilsulfon gefunden wurden, ist im Hinblick auf die chronische Belastung nicht von einem Risiko für den Verbraucher auszugehen.

Pyrethroide (B 2 c 2)

Der zur Gruppe der Pyrethroide gehörende Wirkstoff Permethrin ist ein Gemisch aus vier Stereoisomeren (1R-trans, 1S-trans, 1R-cis, 1S-cis), wobei cis-Permethrin als toxischer beschrieben wird als trans-Permethrin (JMPR, 1999). Für Isomerengemische mit *cis:trans*-Verhältnissen von 25:75 bis 40:60 wurde vom JMPR ein ADI-Wert von 0,05 mg/kg KG abgeleitet, basierend auf dem NOAEL (No Observed Adverse Effect Level) von 5 mg/kg KG/d aus der 2-Jahresstudie an Ratten sowie der 1-Jahresstudie an Hunden und einem Sicherheitsfaktor von 100. Die Ableitung einer akuten Referenzdosis (ARfD) wurde aufgrund der geringen akuten Toxizität des im Jahr 1999 bewerteten technischen Permethrins nicht für erforderlich gehalten (JMPR,1999). Im Jahr 2002 wurde für Permethrin (cis:trans 40:60) eine ARfD von 1,5 mg/kg KG abgeleitet, basierend auf dem NOAEL von 150 mg/kg KG aus der akuten Neurotoxizitätsstudie an Ratten und einem Sicherheitsfaktor von 100 (JMPR, 2002).

Näherungsweise wird diese ARfD auch zur Bewertung von trans-Permethrin herangezogen.

Im Rahmen des EÜP wurden in einer von 6 Proben Straußenfleisch Rückstände von trans-Permethrin in einer Konzentration von 0,0274 mg/kg bestimmt. Für Permethrin (Summe der Isomeren) ist gemäß der Verordnung VO (EG) Nr. 396/2005 ein Rückstandshöchstgehalt (RHG) von 0,05 mg/kg in Geflügelfleisch inkl. Straußenfleisch festgesetzt. Dieser RHG wurde eingehalten.

Mangels spezifischer Verzehrsdaten zu Straußenfleisch wurden Verzehrsdaten zu Hühnerfleisch verwendet. Was den chronischen Verzehr betrifft, ist dadurch mit einer deutlichen Überschätzung der verzehrten Mengen zu rechnen. Die akut verzehrte „large portion" dürfte bei Straußen- und Hühnerfleisch hingegen vergleichbar sein.

Im EFSA-Modell PRIMo (EFSA, 2008) sind deutsche Kinder sowie Erwachsene aus dem Vereinigten Königreich (UK) als die Konsumentengruppen mit dem höchsten Verzehr an Hühnerfleisch relativ zum Körpergewicht ausgewiesen. Hühnerfleisch mit einem Rückstand von 0,0274 mg trans-Permethrin/kg würde auf Basis der „large portion" für Erwachsene aus UK (66,7 kg Körpergewicht) einer Aufnahmemenge von 0,00032 mg/kg KG entsprechen und auf Basis der „large portion" für deutsche Kinder im Alter von zwei bis unter fünf Jahren (16,15 kg Körpergewicht) einer Aufnahmemenge von 0,00031 mg/kg KG. Die Aufnahmemenge würde in beiden Fällen damit deutlich unterhalb der ARfD liegen. Dasselbe gilt entsprechend auch für die chronische Exposition bei Berücksichtigung mittlerer Verzehrsmengen und einem Vergleich der Exposition mit dem ADI-Wert.

Es ist weder ein akutes noch ein chronisches Risiko für Verbraucher durch den berichteten trans-Permethrin-Rückstand in Straußenfleisch zu erwarten.

NSAIDs (Gruppe B 2 e)
In der Muskulatur einer von 145 untersuchten Kühen wurden Rückstände von **Flunixin (Meglumin)** in Höhe von 91,8 µg/kg gemessen. Die zulässige Höchstmenge für Flunixin in Fleisch von Rindern liegt bei 20 µg/kg (Verordnung (EU) Nr. 37/2010). Der ADI-Wert für Flunixin beträgt 6 µg/kg KG und Tag (EMEA, 2000b).

Für den Verzehr von Rindfleisch betrug nach den Daten der NVS II das 95. Perzentil aller Verzehrer für die Langzeitaufnahme 0,767 g Fleisch/kg KG und Tag. Somit würde ein Vielverzehrer ca. 0,07 µg Flunixin/kg KG und Tag aufnehmen. Dies entspricht einem Anteil von ca. 1,2 % des ADI-Wertes. In Anbetracht dieses Einzelbefundes ist hinsichtlich der chronischen Belastung nicht von einem Risiko für den Verbraucher durch Rückstände von Flunixin auszugehen.

Auf den Wirkstoff **Phenylbutazon** wurden 1.298 Mastrinder, 293 Kälber, 423 Kühe und 10 Pferde untersucht. Bei 2 Mastrindern wurden im Plasma Konzentrationen von 28,1 µg/kg und 42 µg/kg gemessen. Das Plasma eines der untersuchten Mastkälber wies eine Phenylbutazon-Konzentration von 49 µg/kg auf. Im Plasma einer Kuh wurde eine sehr hohe Konzentration an Phenylbutazon von 210.000 µg/kg detektiert. Diese Probe wurde auch auf Oxyphenbutazon Anhydrat – den Hauptmetaboilten des Phenylbutazons – untersucht und dabei eine Plasmakonzentration von 11 µg/kg gemessen. In der Leber eines Pferdes wurde Phenylbutazon in Höhe von 8,2 µg/kg nachgewiesen.

Der Wirkstoff Phenylbutazon darf bei Tieren, die der Lebensmittelgewinnung dienen, nicht angewandt werden. Die Ergebnisse weisen deshalb auf den illegalen Einsatz dieses Wirkstoffes hin. Dem BfR liegen für Phenylbutazon keine Daten zum Übergang des Wirkstoffes aus dem Plasma in verzehrbares Gewebe vor. Gerade im Hinblick auf die hohe Konzentration an Phenylbutazon, die im Plasma einer Kuh gemessen wurde, ist ein mögliches Vorkommen von Rückständen von Phenylbutazon in verzehrsfähigen Geweben und tierischen Produkten nicht auszuschließen. Jedoch ist zu berücksichtigen, dass es sich um Einzelbefunde im Plasma bzw. in der Leber eines Pferdes handelt. Hinsichtlich der chronischen Belastung ist nicht von einem Risiko für den Verbraucher durch Rückstände von Phenylbutazon auszugehen.

Sonstige Stoffe mit pharmakologischer Wirkung (Gruppe B 2 f)
Der Wirkstoff **Dexamethason** gehört zur Gruppe der synthetischen Kortikosteroide. Auf Rückständes von Dexamethason wurden 204 Kühe untersucht. In der Leber eines Tieres und in der Muskulatur zweier weiterer Tiere wurde Dexamethason in Konzentration von 3,8 µg/kg in der Leber und 4,74 µg/kg bzw. 13,7 µg/kg im Fleisch detektiert. Die zulässigen Höchstmengen für Dexamethason liegen für Rinderleber bei 2 µg/kg und für Rindfleisch bei 0,75 µg/kg (Verordnung (EU) Nr. 37/2010). Der ADI-Wert für Dexamethason beträgt 0,015 µg/kg KG und Tag (EMEA, 1997b).

Für den Verzehr von Leber (Schwein, Rind, Kalb, Schaf/Lamm) betrug nach den Daten der NVS II das 95. Perzentil aller Befragten für die Langzeitaufnahme 0,092 g Leber/kg KG und Tag. Somit würde ein Vielverzehrer (95. Perzentil der Gesamtbevölkerung) ca. 0,0004 µg Dexamethason/kg KG und Tag

aufnehmen. Dies entspricht einem Anteil von ca. 2,3 % des ADI-Wertes. Ein Risiko für den Konsumenten beim Verzehr dieser mit Dexamethason belasteten Leber ist unwahrscheinlich.

Für den Verzehr von Rindfleisch betrug nach den Daten der NVS II das 95. Perzentil aller Verzehrer für die Langzeitaufnahme 0,767 g Fleisch/kg KG und Tag. Somit würde ein Vielverzehrer ca. 0,01 µg Dexamethason/kg KG und Tag aufnehmen. Dies entspricht einem Anteil von ca. 70 % des ADI-Wertes. Berücksichtigt man, dass es sich hier um einen Einzelbefund handelt, ist in Hinsicht auf die chronische Belastung nicht von einem Risiko für den Verbraucher durch Rückstände von Dexamethason in Rindfleisch auszugehen.

In einer von 20 Proben von Legehennen/Suppenhühnern wurde **Nikotin** in einer Konzentration von 0,121 mg/kg in Federn gefunden. Informationen zum Übergang von Nikotinrückständen aus Federn in verzehrbare Geflügelmatrices liegen dem BfR nicht vor.

An verschiedenen Speisepilzarten ist gezeigt worden, dass Nikotin aus entsprechend belasteter Luft oder von den Händen von Rauchern beim Kontakt leicht auf Pilze übergehen und zu hohen Rückständen auf/in den Pilzen führen kann (Eurofins, 2009). Insofern lässt sich ein Übergang von Oberflächenrückständen von Federn über die Haut ins Fleisch nicht gänzlich ausschließen, ist aber nicht quantifizierbar.

Würde Hühnerfleisch selbst Nikotinrückstände in einer Konzentration von 0,121 mg/kg enthalten, wäre ein Risiko für Verbraucher nicht auszuschließen: Im EFSA-Modell PRIMo (EFSA, 2008) sind deutsche Kinder sowie Erwachsene aus dem Vereinigten Königreich (UK) als die Konsumentengruppen mit dem höchsten Verzehr an Hühnerfleisch relativ zum Körpergewicht ausgewiesen. Hühnerfleisch mit einem Rückstand von 0,121 mg Nikotin/kg würde auf Basis der „large portion" für Erwachsene aus UK (66,7 kg Körpergewicht) einer Aufnahmemenge von 0,00142 mg/kg KG entsprechen und auf Basis der „large portion" für deutsche Kinder im Alter von zwei bis unter fünf Jahren (16,15 kg Körpergewicht) einer Aufnahmemenge von 0,00136 mg/kg KG.

ADI und ARfD für Nikotin wurden mit 0,0008 mg/kg KG/d festgesetzt (EFSA, 2009). Die hier berechneten Aufnahmemengen würde in beiden Fällen über dem ADI- bzw. ARfD-Wert von 0,0008 mg/kg KG/d liegen.

Es ist allerdings zu berücksichtigen, dass Rückstände in Federn – wenn überhaupt – sicher nur zu einem geringen Teil in essbare Matrices von Legehennen/Suppenhühnern übergehen und dort auch eine Verdünnung erfahren würden. Aus dem berichteten Nikotin-Rückstand in Federn lässt sich nicht auf ein akutes oder chronisches Risiko für Verbraucher schließen.

2.4.3.4.4 Gruppe B 3: Andere Stoffe und Kontaminanten
Im Jahr 2010 wurden im Rahmen des NRKP insgesamt 6.941 Proben auf Umweltkontaminanten und andere Stoffe untersucht, davon wurden 760 (11 %) positiv getestet.

Im Rahmen des EÜP wurden im Jahr 2010 insgesamt 595 Proben von Tieren oder tierischen Erzeugnissen auf Umweltkontaminanten und andere Stoffe untersucht, davon wurden 12 Proben (2 %) positiv getestet.

Organische Chlorverbindungen, einschließlich PCB (Gruppe B 3 a)

Im Rahmen des NRKP wurden hinsichtlich der **Dioxine (PCDD/F) und dioxinähnlicher Polychlorierter Biphenyle (dl-PCB)** für Eier Überschreitungen der zulässigen Höchstgehalte festgestellt.

Als Grundlage einer gesundheitlichen Bewertung der Befunde wird die vom Scientific Committee on Food (SCF) in der Europäischen Union (EU) 2001 festgelegte wöchentliche tolerierbare Aufnahmemenge (TWI) für PCDD/F und dl-PCB von 14 pg WHO-PCDD/F-PCB-TEQ/kg KG herangezogen. Der TWI gibt die tolerierbare Menge eines Stoffes, bezogen auf eine Woche, an, die bei lebenslanger Aufnahme keine nachteiligen Auswirkungen auf die Gesundheit beim Menschen erwarten lässt.

Es wurden 133 Eiproben auf Dioxine (WHO-PCDD/F-TEQ) sowie auf die Summe von Dioxinen und dl-PCB (WHO-PCDD/F-PCB-TEQ) untersucht. Nur eine Probe überschritt mit 3,53 pg WHO-PCDD/F-TEQ/g Fett den in der Verordnung (EG) Nr. 1881/2006 festgelegten Höchstgehalt für Dioxine in Eiern von 3 pg WHO-PCDD/F-TEQ/g Fett. Auch für die Summe von Dioxinen und dl-PCB überschritt diese Probe mit einer Konzentration von 6,1 pg WHO-PCDD/F-PCB-TEQ/g Fett den zulässigen Höchstgehalt von 6 pg WHO-PCDD/F-PCB-TEQ/g Fett.

Zur Berechnung eines Worst-Case-Szenarios wurde davon ausgegangen, dass ein Mensch sein Leben lang über den Verzehr von Eiern Konzentrationen an Dioxinen und dl-PCB aufnimmt, die der hier gefundenen Probe entsprechen. Nach den Daten der NVS II betrug das 95. Perzentil für die Langzeitaufnahme unter Berücksichtigung aller Befragten 0,851 g Ei/kg KG und Tag. Der durchschnittliche Fettgehalt von Eiern beträgt ca. 11,3% (Souci et al., 2000). Legt man diesen Wert zugrunde, so nimmt ein Mensch bei einem Verzehr von 0,851 g Ei/kg KG und Tag 0,096 g Eifett/kg KG und Tag auf. Somit würde ein Vielverzehrer (95. Perzentil der Gesamtbevölkerung), der die Probe mit dem hier gemessenen Gehalt an Dioxinen und dl-PCB (6,1 pg WHO-PCDD/F-PCB-TEQ/g Fett) verzehrt, ca. 0,59 pg WHO-PCDD/F-PCB-TEQ/kg KG und Tag aufnehmen. Das entspricht ca. 4,1 pg WHO-PCDD/F-PCB-TEQ/kg KG und Woche und damit einen Anteil von ca. 29 % des TWI-Wertes. Die im Rahmen des NRKP gezogenen Proben sind Einzelmessungen, die nicht durch eine repräsentative Probennahme gewonnen wurden. Die hier vorgestellte Betrachtung stellt eine Worst-Case-Berechnung dar. Die daraus resultierende Dioxinaufnahme des Verbrauchers wird nur in Einzelfällen auftreten (z. B. in einer von 133 Proben bei Eiern). Es ist deshalb nicht zu erwarten, dass die tolerable tägliche Aufnahme an Dioxinen und PCB über einen längeren Zeitraum überschritten wird.

Insgesamt kann festgestellt werden, dass der gesundheitliche Verbraucherschutz hinsichtlich Dioxinen und dl-PCB trotz dieser Befunde sichergestellt ist. Allerdings sind die Anstrengungen, die allgemeine Belastung der tierischen Nahrungsmittel mit Dioxinen und PCB weiter zu verringern, unbedingt fortzusetzen, da immer wieder Einzelproben mit Höchstwertüberschreitungen gefunden werden.

Chemische Elemente (Gruppe B 3 c)

Im Jahr 2010 wurden insgesamt 452 Proben von Rindern und 26 Proben von Kälbern auf **Cadmium** untersucht. In Nieren von 12 der 288 auf Cadmium untersuchten Proben von Mastrindern (4,2 %) wurde Cadmium oberhalb des Höchstgehaltes von 1,0 mg Cadmium pro kg Nieren-Frischgewicht analysiert. Darüber hinaus überschritten 17 von insgesamt 164 untersuchten Proben von Kühen (10,4 %) den nach der Verordnung (EG) Nr. 1881/2006 geltenden Höchstgehalt für Cadmium von 1,0 mg/kg Nieren-Frischmasse.

Die Cadmium-Absorption über den Verdauungstrakt ist bei landwirtschaftlichen Nutztieren im Allgemeinen niedrig. Sie ist bei jungen Tieren höher als bei erwachsenen Tieren und kann zudem von verschiedenen Futterinhaltsstoffen beeinflusst werden. Rind, Schaf und Schwein absorbieren – wie alle Säugetiere – Cadmium sowohl über den Gastro-Intestinaltrakt als auch über die Lungen. Oral aufgenommenes Cadmium wird zu Anteilen zwischen 2 % und etwa 20 % absorbiert, wobei für den Wiederkäuer Werte von 11 % bzw. 18 % ermittelt wurden (Dorn, 1979). Beim Rind werden mehr als 70 % des oral zugeführten Cadmiums in den ersten 5 Tagen nach einer Einzelapplikation wieder ausgeschieden.

Der Gehalt an Cadmium in verschiedenen Geweben bzw. Organen des Tierkörpers ist nicht allein eine Funktion der absorbierten Anteile, sondern folgt auch einem ausgeprägten Gewebetropismus dieses Elements bzw. seiner biologischen Komplexe. Mit radioaktivem Cadmium (als Cadmiumchlorid) wurden etwa folgende Verteilungen im Rind ermittelt: 51 % der Dosis in der Leber, 24 % in den Nieren, jeweils 2 bis 3 % in Muskulatur, Knochen und Haut, etwa 4 % bis 5 % im Magen-Darm-Trakt (Heeschen und Blüthgen, 1986). Andere Autoren sehen das Verhältnis der in Leber und Nieren retinierten Cadmium-Anteile umgekehrt (Vemmer, 1986). Nach einer Literaturauswertung scheinen sich die mittleren Cadmium-Gehalte in der Leber bei Rindern auf Werte unter 0,4 mg pro kg Frischmasse (FM) zu belaufen, in der Niere auf Werte unter 1 mg/kg FM und in der Muskulatur auf solche unter 0,05 mg/kg FM (Kreuzer, 1973).

Für die Höhe der Gehaltswerte ist die Dauer der Exposition bzw. die Zeitspanne zwischen letzter Exposition des Tieres und der Untersuchung der betreffenden Gewebe von entscheidender Bedeutung. Auf Grund der langen biologischen Halbwertzeit nehmen die Cadmium-Gehalte in Leber und Niere mit dem Alter zu.

Cadmium ist in Lebensmitteln unerwünscht, weil es die Gesundheit des Verbrauchers schädigen kann. Die EFSA hat im Januar 2009 einen neuen Wert für die lebenslang tolerierbare wöchentliche Aufnahmemenge (TWI)[73] von Cadmium abgeleitet. Diese liegt mit 2,5 µg/kg KG unter der durch den Gemeinsamen FAO/WHO-Sachverständigenausschuss für Lebensmittel-

---

[73] Die tolerierbare bzw. zulässige wöchentliche Aufnahmemenge (TWI; Tolerable Weekly Intake) ist die Menge eines beliebigen Stoffes, der über die gesamte Lebenszeit pro Woche aufgenommen werden kann, ohne spürbare Auswirkungen auf die Gesundheit der Verbraucher zu haben. Der Gemeinsame FAO/WHO-Sachverständigenausschuss für Lebensmittelzusatzstoffe (JECFA; Joint FAO/WHO Expert Committee on Food Additives) hat 1988 für Cadmium eine vorläufig tolerierbare wöchentliche Aufnahmemenge (PTWI) von 7 µg/kg Körpergewicht festgelegt, die im Jahr 2003 erneut von der JECFA bestätigt wurde. 1995 wurde diese vorläufige tolerierbare wöchentliche Aufnahmemenge ebenfalls vom damaligen Wissenschaftlichen Lebensmittelausschuss der EU bestätigt. Dieser Wert wurde bei einer Evaluierung von Cadmium durch die JECFA im Jahr 2010 auf eine vorläufige tolerierbare monatliche Aufnahmemenge (PTMI) von 25 µg/kg Körpergewicht gesenkt, entsprechend einem PTWI von 5,8 µg/kg Körpergewicht.

zusatzstoffe (JECFA) im Jahr 2010 neu evaluierten tolerierbaren monatlichen Aufnahmenmenge für Cadmium von 25 µg/kg Körpergewicht (entsprechend TWI 5,8 µg/kg KG).

Für das Lebensmittel Rinderniere liegen keine Verzehrdaten vor. Deshalb wird mit den monatlichen Verzehrsmengen für Säugernieren gerechnet, die nur einen geringen Verzehreranteil (3%) aufweisen und nicht den Durchschnittsverzehr der Gesamtbevölkerung widerspiegeln. Bei einem mittleren wöchentlichen Verzehr von 0,133 g Niere (NVS II) pro kg Körpergewicht, welche den höchsten der bei Rindern ermittelten Cadmium-Gehalt von 3,3 mg Cadmium pro kg Nieren-Frischmasse aufweist, kann eine wöchentliche Gesamtaufnahme von 0,44 µg pro kg Körpergewicht Cadmium errechnet werden. Bezogen auf einen Verbraucher mit 60 kg Körpergewicht entspräche dies der Ausschöpfung des TWI zu 17,6 %.

Da von den insgesamt 452 Rindern, die auf chemische Elemente im Rahmen des NRKP untersucht worden sind, nur in 29 Proben Cadmium-Gehalte in Nieren analysiert wurden, deren Werte den zulässigen Höchstgehalt von 1 mg/kg Frischgewicht überschritten, und von diesen wiederum nur eine einzige Probe einen relativ hohen Gehalt an Cadmium aufwies (3,3 mg Cd/kg), kann für den kleinen Teil der Bevölkerung, der regelmäßig Rinderniere verzehrt, geschlussfolgert werden, dass die Wahrscheinlichkeit einer gesundheitlichen Beeinträchtigung gering ist.

Insgesamt wurden 1.438 Proben von **Schweinen** auf **Cadmium** untersucht. Dabei wiesen 22 Proben von Nieren Cadmiumgehalte zwischen 1,01 mg/kg und 3,3 mg/kg auf und lagen damit oberhalb des zulässigen Höchstgehaltes von 1,0 mg/kg Frischgewicht für Nieren.

In Analogie zu den Befunden bei Rindern wies auch bei den Untersuchungen der Proben von Schweinenieren eine der insgesamt 1.438 untersuchten Proben einen relativ hohen Gehalt an Cadmium auf (2,55 mg Cd/kg Frischgewicht).

Grundsätzlich kann bei Schweinen – wie bei den Wiederkäuern – von einer vergleichsweise geringen enteralen Absorptionsrate (< 0,5 % bis 3 %) und einer ausgeprägten dosis- und zeitabhängigen Kumulation von Cadmium in der Niere ausgegangen werden. Die Cadmium-Gehalte in der Niere erreichen in Abhängigkeit von der Zeit dabei höhere Werte als die mittleren Cadmium-Gehalte der verabreichten Futtermischung (Vemmer und Petersen, 1978). Zwischen dem mittleren Cadmium-Gehalt in der Futterration und den mittleren Gehalten an Cadmium in der Niere besteht eine nahezu lineare Abhängigkeit. Es kann somit angenommen werden, dass es sich bei dem ermittelten Maximalwert von 2,55 mg Cd/kg Frischgewicht Niere entweder um die Probe eines vergleichsweise alten Tieres gehandelt haben muss und/oder um ein Schwein, welches einer ungewöhnlich hohen Cadmium-Aufnahme über das Futter ausgesetzt war. In diesem Zusammenhang muss auch die Möglichkeit der Aufnahme kontaminierten Bodens in Betracht gezogen werden. Bekannt ist, dass bei Schweinen, die in Ausläufen oder im Freien gehalten werden, die Aufnahme an (kontaminiertem) Boden beträchtlich ist und Werte bis zu 8 %, bezogen auf die tägliche Trockenmasseaufnahme, erreichen kann (Fries et al., 1982).

Schweinenieren werden nur sehr selten verzehrt. Die Schätzungen des üblichen Schweinenieren-Verzehrs auf Basis der NVS II-Daten sind sehr unsicher und können für den üblichen Verzehrer zu einer Überschätzung oder aber für spezielle Bevölkerungsgruppen mit regelmäßigem Verzehr zu einer Unterschätzung der tatsächlichen Cadmiumbelastung führen.

Die mittlere Verzehrsmenge der Verzehrer von Säugernieren (Verzehreranteil 3%) liegt nach der NVS II bei wöchentlich 0,133 g pro kg Körpergewicht. Bei einem Gehalt für Cadmium von 2,55 mg/kg in einer Schweineniere würde der Verbraucher wöchentlich 0,34 µg pro kg Körpergewicht, entsprechend einer Ausschöpfung des TWI von 13,6 %, aufnehmen. Bei einem Vielverzehrer von Nieren mit einem täglichen Verzehr von 0,078 g/kg Körpergewicht (95. Perzentil nach der NVS II) wäre die Ausschöpfung des TWI von 2,5 µg/kg Körpergewicht bei 22 %.

Bei Höchstmengenregelungen für Schwermetalle in (Futter- und) Lebensmitteln steht nicht die akute Vergiftungsgefahr als Gefährdungspotenzial im Mittelpunkt der Betrachtung, sondern vielmehr die tägliche Aufnahme geringer Dosen über vergleichsweise lange Zeiträume. Als Maßnahmen für den gesundheitlichen Verbraucherschutz leiten sich daraus neben der Festsetzung von Höchstgehalten die Einhaltung von Qualitätsparametern bei Produktion, Transport, Lagerung und Weiterverarbeitung sowie die Aufklärung des Verbrauchers ab. Das Ziel besteht darin, eine Senkung der Schwermetallkontamination in den (Futter- und) Lebensmitteln auf das niedrigste, technisch erreichbare Niveau zu erzielen. Da ein vollständiger Schutz vor schädlichen Einflüssen durch die Aufnahme von Cadmium, Blei und Quecksilber über Lebensmittel tierischen Ursprungs nicht möglich ist, muss das verbleibende gesundheitliche Restrisiko minimiert werden.

Insgesamt wurden 32 Proben von **Schafen** auf Umweltkontaminanten untersucht. Dabei hatte eine Niere eines Mastlamms einen **Cadmium**gehalt von 1,37 mg/kg und lag damit oberhalb des zulässigen Höchstgehaltes von 1,0 mg/kg Frischgewicht.

Wiederkäuer und Pferde nehmen während ihrer gesamten Lebensdauer Cadmium sowohl mit dem Grundfutter (Weidegras/Heu, Silagen) als auch über die direkte Aufnahme von Boden(partikeln) auf. In bestimmten Regionen kann dies zu einer unerwünschten Cadmiumakkumulation in den Nieren führen.

Bei allen Lebensmittel liefernden Tieren sind die Nieren dasjenige Organ, in dem die Akkumulation von Cadmium zuerst Gehalte erreicht, die die zulässigen Höchstgehalte für Kontaminanten in Lebensmitteln überschreiten. Neuere Kalkulationen auf der Basis von Meta-Analysen von entsprechenden Fütterungsversuchen kommen zu dem Schluss, dass die Cadmiumgehalte in den Nieren von Schafen schon nach 130 Fütterungstagen die zulässigen Höchstgehalte überschreiten, wenn den Tieren Futterrationen verabreicht werden, deren Cadmiumgehalte den Bereich der zulässigen Höchstgehalte nicht überschreiten (Prankel et al., 2004; Prankel et al., 2005).

Ein gesundheitliches Risiko für den Verbraucher ist immer von der Exposition abhängig. Entscheidend ist, wie oft und wie lange der Verbraucher welche Menge an Umweltkontaminanten wie Cadmium, Quecksilber oder Blei mit den Lebensmitteln aufnimmt bzw. aufgenommen hat. Grundsätzlich gilt: Ohne Exposition kein gesundheitliches Risiko.

Aus dem Expositionsszenario lässt sich ableiten, dass sich aus dem gelegentlichen Verzehr von Schlachtnebenprodukten, insbesondere von Nieren, welche Gehalte an Umweltkontaminanten wie Cadmium, Quecksilber oder Blei aufweisen, die die lebensmittelrechtlich zulässigen Höchstgehalte maßvoll überschreiten, ein unmittelbares gesundheitliches Risiko für den Verbraucher nicht ergibt. Dennoch sollten Verbraucher wegen der Bioakkumulation einiger Schwermetalle im Organismus des Menschen grundsätzlich so wenig Cadmium wie möglich mit der Nahrung aufnehmen.

Bei vier von acht untersuchten Proben von **Pferden** wurden **Cadmium**gehalte nachgewiesen, die über den zulässigen Höchstgehalten lagen. Der Leberwert eines Pferdes unter 2 Jahren betrug 5,26 mg/kg, der eines älteren Pferdes sogar 14,2 mg/kg (Höchstgehalt: 0,5 mg/kg). Die Cadmiumgehalte in der Muskulatur von zwei Pferden betrugen 0,395 mg/kg und 1,13 mg/kg (Gesetzlicher Höchstgehalt: 0,2 mg/kg).

Das Stoffwechselverhalten von Cadmium bei Pferden unterscheidet sich von dem der anderen landwirtschaftlichen Nutztiere. Verglichen mit Gehaltswerten von Wiederkäuern und Schweinen zeigen Untersuchungen an Schlachtpferden, dass die Cadmium-Gehalte in Niere, Leber und Muskulatur oftmals auf einem wesentlich höheren Niveau liegen. Pferde scheinen über ein ausgeprägtes Anreicherungsvermögen gegenüber Cadmium zu verfügen, dass sich nicht allein durch eine altersbedingte Akkumulation oder durch Unterschiede in Fütterung und Haltung erklären lässt (Schenkel, 1990).

Der Anteil derjenigen Verbraucher, die Lebensmittel verzehren, die aus Pferdefleisch stammen, ist in Deutschland sehr gering und liegt bei etwa 0,3 % der gesamten Bevölkerung. Bei einem mittleren Verzehr (bezogen auf die Verzehrer) von 0,088 g Pferdefleisch pro Tag und kg Körpergewicht lässt sich für diese Verbrauchergruppe eine wöchentliche Cadmium-Aufnahme infolge des Verzehrs von Pferdefleisch mit einem Gehalt von 1,13 mg/kg eine Aufnahme von 0,70 µg/kg Körpergewicht kalkulieren. Dies entspricht einer Ausschöpfung des TWI von 28 %.

Zusätzlich wies von 43 untersuchten Proben von **Truthühnern** lediglich eine Muskelprobe mit einem **Cadmium**gehalt von 0,084 mg/kg eine Überschreitung des gesetzlichen Höchstgehalts von 0,05 mg/kg auf.

In insgesamt 1.928 untersuchten Proben von **Rindern**, **Schweinen**, **Schafen/Ziegen**, **Pferden** und **Kaninchen** wurden keine **Blei**gehalte ermittelt, die die gesetzlichen Höchstgehalte von Blei in den entsprechenden Organen und der Muskulatur übertrafen. Für die 94 untersuchten Wildproben gibt es keine gesetzlichen Höchstgehalte für Schwermetalle wie Blei und Cadmium.

Blei weist – vergleichbar den Bedingungen bei Cadmium – eine ausgeprägte dosis- und altersabhängige Affinität zu einzelnen Organen bzw. Schlachtnebenprodukten auf. Blei kann beim Wiederkäuer sowohl in Nieren- und Lebergewebe als auch im Knochengewebe akkumulieren und dort zu messbaren Rückständen führen. Die Belastung von Tieren mit Blei ist hauptsächlich auf das Futter zurückzuführen und nimmt zu, wenn (Grund- bzw. Halm-) Futtermittel bedeutende Mengen kontaminierter Erde enthalten. Rinder und Schafe gelten als empfindlichste Tierarten gegenüber den toxischen Wirkungen von Blei.

Analog zu den beim Cadmium beschriebenen Bedingungen ist selbst bei längerfristig erhöhter Exposition eine als bedenklich einzustufende Akkumulation von Blei im Muskelgewebe von Wiederkäuern aus landwirtschaftlicher Haltung nicht zu erwarten.

Für Cadmium, Blei und Quecksilber existieren europaweit verbindliche Höchstgehalte für verschiedene Lebensmittel, die zusammen mit Höchstgehalten anderer Kontaminanten in der Verordnung (EG) Nr. 1881/2006 festgelegt sind. Für Quecksilber sind darin allerdings lediglich Höchstmengen für Fisch und Fischereierzeugnisse aufgeführt. In der Verordnung (EG) Nr. 396/2005 über Höchstgehalte für Pestizidrückstände in oder auf Lebens- und Futtermittel pflanzlichen und tierischen Ursprungs wird für Quecksilber auch für tierische Lebensmittel wie Fleisch und Innereien ein allgemeiner Grenzwert von 0,01 mg/kg festgelegt. Allerdings nimmt die nationale Rückstandshöchstmengenverordnung Quecksilberrückstände, die über Luft, Wasser und Boden in das Lebensmittel gelangen, von dieser Regelung aus, so dass kein rechtlicher Höchstgehalt für Quecksilber festgelegt ist.

Bei 10 von 288 untersuchten Rindern (3,5 %) und 7 von 164 Kühen (4,3 %) wurden in der Niere bzw. in der Leber **Quecksilber**gehalte nachgewiesen, deren Werte geringgradig über dem Höchstgehalt der Verordnung (EG) Nr. 396/2005 von 0,01 mg/kg lagen. Die maximal gemessenen Gehalte für Quecksilber lagen bei 0,012 mg/kg in der Leber und 0,061 mg/kg in der Niere. Bei den 26 untersuchten Kälbern kam es zu keinen Überschreitungen des Höchstgehalts.

Von 1.488 untersuchten Proben von Schweinen wurden mit 0,011 mg/kg bis 0,053 mg/kg in 48 Leberproben (3,2 %) und mit 0,011 bis 0,169 mg/kg in 199 Nierenproben (13,4 %) Gehalte über dem Höchstgehalt von 0,01 mg/kg gemessen. Über diesem Höchstgehalt lagen ebenfalls 14 Leberwerte und 7 Nierenwerte von Ferkeln.

Von insgesamt 79 untersuchten Proben von Wildtieren lagen die Leberwerte von 21 Wildschweinen (26,6 %) sowie die Nierenwerte von 13 Wildschweinen (16,4 %) und jeweils einem Damhirsch und Rothirsch über dem Grenzwert der Rückstandshöchstmengen-Verordnung (RHmV) von 0,01 mg/kg für Quecksilber. Mit einem Maximalwert von 1,25 mg/kg hatte die Niere eines Wildschweins den höchsten Wert aller auf Quecksilber untersuchten Proben im NRKP im Jahr 2010 mit einer 125-fachen Überschreitung des zulässigen Höchstgehalts.

Quecksilber ist eine Umweltkontaminante, die in verschiedenen chemischen Formen vorkommt. Die unterschiedlichen Bindungsformen unterscheiden sich sowohl hinsichtlich ihres stoffwechselkinetischen Verhaltens als auch hinsichtlich ihrer toxischen Wirkung. Anorganische Quecksilberverbindungen in Lebensmitteln sind weitaus weniger toxisch als organisches Methylquecksilber, das vor allem in Fischen und Meeresfrüchten enthalten ist.

Im Vergleich zu anorganischem Quecksilber wird Quecksilber in organischer Bindung zu einem höheren Anteil enteral absorbiert und weist eine deutlich längere biologische Halbwertzeit auf. Die Absorption wird bei Wiederkäuern mit 60 bis 70 % der aufgenommenen Menge angegeben. Die Ausscheidung erfolgt vor allem über den Kot. Im Organismus liegen die Quecksilbergehalte in Leber und Niere meist deutlich über denjenigen in der Muskulatur.

Da der Einsatz von Fischmehl in der Fütterung von Rindern, Schafen und Schweinen wegen futtermittelrechtlicher Restriktionen im Zusammenhang mit Vorschriften zur Verhütung, Kontrolle und Tilgung bestimmter transmissibler spongiformer Enzephalopathien (TSE) seit Jahren verboten bzw. extrem eingeschränkt und nur in Ausnahmesituationen erlaubt ist, kann davon ausgegangen werden, dass es sich bei den vorliegenden Befunden derjenigen Proben von Nieren und Lebern, die als positiv beanstandet wurden, um Effekte einer umweltbedingten Kontamination von Futtermitteln ausschließlich mit anorganischen Quecksilberverbindungen handelt. Die teilweise besonders hohen Quecksilberbelastungen in einzelnen Nierenproben können möglicherweise von älteren Tieren (älter als 2 Jahren) stammen. Diese wären nach der Verordnung (EG) Nr. 854/2004 mit besonderen Vorschriften für die amtliche Überwachung von zum menschlichen Verzehr bestimmten Erzeugnissen tierischen Ursprungs, Artikel 5 Nr. 3e, in Verbindung mit Anhang I Abschnitt II Kapitel V Nr. 1k als genussuntauglich zu erklären, wenn die Tiere aus Regionen stammen, in denen bei der Durchführung von Rückstandskontrollplänen gemäß der Richtlinie 96/23/EG festgestellt wurde, dass die Umwelt allgemein mit Schwermetallen belastet ist.

Für anorganisches Quecksilber von anderen Lebensmitteln als von Fisch hat die Gemeinsame Expertenkommission für Lebensmittelzusatzstoffe der Ernährungs- und Landwirtschaftsorganisation der Vereinten Nationen (FAO) und der Weltgesundheitsorganisation (WHO) (JECFA) eine vorläufige lebenslang tolerierbare wöchentliche Aufnahmemenge (provisional tolerable weekly intake; PTWI) für den Menschen von 4,0 µg pro kg Körpergewicht festgelegt (JECFA, 2010).

Auf Grund der Tatsache, dass im Organismus die Quecksilbergehalte in Leber und Niere immer deutlich über denjenigen in der Muskulatur liegen, ist beim Verzehr von Rindfleisch und Rindfleischprodukten kein gesundheitliches Risiko infolge der Aufnahme von Quecksilber zu erwarten.

Die Bewertung der Gehalte an Quecksilber in Schlachtnebenprodukten von Mastrindern und Kühen trifft im Wesentlichen auch auf die Bedingungen bei Mastschweinen zu.

Auch bei Schweinen kann davon ausgegangen werden, dass die auffälligen Befunde ausschließlich auf Effekte umweltbedingter Kontamination zurückgeführt werden können. In Analogie zu der Bewertung bei Rindern ist die Wahrscheinlichkeit, dass aus dem Verzehr der untersuchten Organe und Körpergewebe von Mastschweinen ein gesundheitliches Risiko aufgrund der Quecksilbergehalte erwächst, unwahrscheinlich.

Ausführungen, wie sie am Beispiel der Bewertung des Cadmiums mit Blick auf die Problemfelder Expositionsschätzung und Ermittlung von Verzehrsdaten vorgenommen wurden, sind auf die Bedingungen für Quecksilber bei Schweinen sowie allen anderen lebensmittelliefernden Säugern und Vögeln zu übertragen.

Aus dem höchsten der bei Rindern analysierten Quecksilbergehalte in der Niere von 0,061 mg Quecksilber/kg und einer mittleren wöchentlichen Verzehrsmenge an Nieren von 0,133 g Niere/kg Körpergewicht ergibt sich eine wöchentliche Quecksilberaufnahme von 0,008 µg/kg Körpergewicht. Dieser Wert entspricht einer Ausschöpfung des PTWI von 0,2 %. Daher ist die Wahrscheinlichkeit, dass aus dem Verzehr von Rinderleber und Rindernieren eine gesundheitliche Beeinträchtigung des Verbrauchers resultiert, sehr gering.

In Analogie zu den Befunden bei den Rindern würde sich aus der täglichen Verzehrsmenge (Vielverzehrer: 0,078 g/kg KG) und dem höchsten bei Schweinen analysierten Quecksilbergehalt in der Niere (0,169 mg/kg) eine Ausschöpfung des PTWI von 2,3 % ergeben. Die Wahrscheinlichkeit eines gesundheitlichen Risikos aufgrund der Quecksilbergehalte in den untersuchten Organen und Körpergeweben von Schweinen ist somit auszuschließen.

Im Nationalen Rückstandskontrollplan wurden im Jahre 2010 insgesamt 187 Proben von Rindern auf **Kupfer** untersucht. Die Rückstandshöchstgehalte für Kupfer in Lebensmittel tierischer Herkunft sind in der Verordnung (EG) Nr. 149/2008 zur Änderung der Verordnung (EG) Nr. 396/2005 festgelegt.

Die Kupferwerte in Lebern von neun von 20 Kälbern (45 %), 11 von 47 Mastrindern (23,4 %) und acht von 120 Kühen (6,7 %) lagen über dem Höchstgehalt für Kupfer in Rinderleber von 30 mg/kg in Bezug auf das Frischgewicht. Der Maximalgehalt für Kupfer in der Leber einer Kuh lag bei 298 mg/kg.

Von 563 untersuchten Schweineproben lagen insgesamt 38 Leberproben mit Kupfergehalten von 31,2–239 mg/kg (6,7 %) und zwei Nierenproben (33–100 mg/kg) über dem Höchstgehalt von 30 mg/kg für Kupfer in Schweineleber.

Von fünf untersuchten Proben von Schafen und Ziegen hatte ein Mastlamm mit einem Leberwert von 265 mg/kg eine Höchstwertüberschreitung. Schafe sind als kleine Wiederkäuer besonders empfindlich gegenüber einer erhöhten Kupferexposition. Jeweils eine Reh- und Rotwildleber von insgesamt 52 untersuchten Wildproben hatten mit 36 mg/kg und 34 mg/kg Kupfergehalte geringgradig über dem Höchstwert von 30 mg/kg.

Bei 11 auf ihren Kupfergehalt untersuchten Honigproben waren mit 0,238–0,5 mg/kg bei drei Proben (27,3 %) Überschreitungen des Höchstgehalts von 0,01 mg/kg nach Artikel 18 1b der Verordnung (EG) 396/2005 über Höchstgehalte an Pestizidrückständen in oder auf Lebens- und Futtermitteln pflanzlichen und tierischen Ursprungs nachgewiesen worden.

Im Gegensatz zu den weiter oben aufgeführten nichtessentiellen Schwermetallen Cadmium, Quecksilber und Blei ist Kupfer ein lebenswichtiges Spurenelement, das von tierischen und pflanzlichen Organismen zur Steuerung des Metabolismus und zum Wachstum benötigt wird. Aus diesem Grund werden Kupfer und dessen Verbindungen auch als Futtermittelzusatzstoff bei landwirtschaftlichen Nutztieren verwendet.

Das Spurenelement Kupfer ist als essentieller Bestandteil vieler Enzyme und Co-Enzyme und als Co-Faktor von Metalloenzymen wichtig für den Hämoglobinaufbau und den Sauerstofftransport, die Funktion von Gehirn und Nerven, den Aufbau von Knochen und Bindegewebe, die Pigmentierung von Haut und Haaren sowie das Immunsystem. Die antioxidative Wirkung von Kupfer schützt die Zellen vor freien Radikalen.

Kupfer wird aus dem Magen und dem Darm absorbiert, die Absorptionsrate beträgt ca. 35–70 % und ist homöostatisch reguliert. Die Leber ist das zentrale Organ des Kupferstoffwechsels, in der Kupfer z. T. gespeichert wird. Hohe Kupfergehalte finden sich vor allem in der Leber und im Gehirn. Ausgeschieden wird Kupfer zu 80 % über die Galle.

Kupfer und dessen Verbindungen werden in der Landwirtschaft auch als Pflanzenschutzmittel verwendet. Die Durchführungsverordnung (EU) Nr. 540/2011 regelt die Anwendung von Kupferverbindungen als Bakterizid und Fungizid im Pflanzenschutz, wobei diese insbesondere im ökologischen Landbau und bei Sonderkulturen wie Wein, Hopfen und Obst verwendet werden. Die Applikation von Reinkupfer im ökologischen Landbau ist auf 6 kg pro ha und Jahr reglementiert, diese Anwendung von kupferhaltigen Pflanzenschutzmitteln kann theoretisch über Futtermittel zu einer erhöhten Kupferexposition bei Nutztieren führen, ist aber aktuell vor allem aus Bodenschutzaspekten in der öffentlichen Diskussion.

Der gemeinsame FAO/WHO-Sachverständigenausschuss für Lebensmittelzusatzstoffe (JECFA) empfiehlt für Kupfer eine vorläufige maximal tolerierbare tägliche Aufnahme (Provisional Maximum Tolerable Daily Intake; PMTDI) von 0,05–0,5 mg pro kg Körpergewicht.

Der wöchentliche mittlere Verzehr von Rinderleber wird nach der NVS II (alle Befragte) für einen deutschen Erwachsenen mit 0,126 g pro kg Körpergewicht angenommen. Beim Verzehr von 0,126 g Rinderleber pro kg Körpergewicht mit einem Gehalt von maximal 298 mg Kupfer pro kg Leber-Frischmasse würde ein Verbraucher 37,5 µg Kupfer pro Woche aufnehmen und damit die tolerierbare wöchentliche Aufnahmemenge (TWI) zu 7,5 % ausschöpfen. Ein gesundheitliches Risiko für den Verbraucher mit mittlerem Verzehr ist bei einem solchen Befund nicht zu erwarten.

Nach den Daten der NVS II für den Verzehr von Leber (Schwein, Rind, Kalb, Schaf/Lamm) betrug das 95. Perzentil aller Befragten für die Langzeitaufnahme 0,092 g Leber pro kg Körpergewicht und Tag. Dementsprechend wäre beim Verzehr von Schweineleber mit einem Höchstgehalt von 239 mg/kg die tolerierbare wöchentliche Aufnahmemenge (TWI) für Kupfer mit einem PMTDI von 0,05 mg/kg zu 44 % und bei einem entsprechenden Verzehr von Schafsleber zu 48,8 % ausgeschöpft.

Im EFSA-Modell PRIMo (EFSA, 2008) sind deutsche Kinder als die Konsumentengruppe mit dem höchsten Verzehr von Honig relativ zum Körpergewicht ausgewiesen. Die Verzehrsdaten entsprechen den Daten der VELS-Studie für deutsche Kinder im Alter von 2 bis unter 5 Jahren. Der Maximalwert für Honigverzehr liegt bei 1,37 g/kg Körpergewicht und somit bei 22,1 g Honig pro Tag bei einer Körpermasse von 16,15 kg.

Bei einem Maximalgehalt von 0,5 mg/kg Kupfer in Honig würde ein Kind mit einem Verzehr von 22,10 g pro Tag eine tägliche Kupfermenge von 11,05 µg, entsprechend 0,68 µg/kg Körpergewicht, aufnehmen und würde allein durch den Verzehr von Honig den maximalen PMTDI von 0,5 mg/kg Körpergewicht zu 2 % ausschöpfen.

Die Wahrscheinlichkeit eines gesundheitlichen Risikos von Kindern durch den Verzehr von Honig mit einem maximalen Kupfergehalt von 0,5 mg/kg ist auch bei dieser 50-fachen Überschreitung des zulässigen Höchstgehalts von 0,01 mg/kg auszuschließen.

Farbstoffe (Gruppe B 3 e)

In Nahrungsmitteln tierischen Ursprungs dürfen keine Rückstände von **Malachitgrün** und **Leukomalachitgrün** enthalten sein. Eine Anwendung dieser Stoffe als Tierarzneimittel in Aquakulturen, die der Lebensmittelgewinnung dienen, ist nicht zulässig.

Die vorliegenden toxikologischen Daten sind nicht ausreichend, einen ADI festzulegen (BfR, 2008). Das wissenschaftliche Gremium der EFSA für Lebensmittelzusatzstoffe, Verarbeitungshilfsstoffe und Materialien, die mit Lebensmitteln in Kontakt kommen (AFC) kam zu der Einschätzung, dass Malachitgrün und Leukomalachitgrün zur Gruppe der Farbstoffe gehören, die als genotoxisch und/oder karzinogen zu betrachten sind (AFC, 2005). Für die Risikobewertung von Rückständen von gentoxischen und kanzerogenen Substanzen in Lebensmitteln und Futtermitteln empfiehlt die EFSA die Nutzung des Margin of Exposure (MOE) (EFSA, 2005).

Im Rahmen des NRKP wurden 264 Forellen aus Aquakulturen auf Rückstände von **Leukomalachitgrün** untersucht. Im Muskelfleisch von 9 Forellen wurde Leukomalachitgrün im Konzentrationsbereich von 0,0013 mg/kg bis 0,056 mg/kg detektiert. In einer dieser Forellen wurde in der Muskulatur auch Gesamt-Malachitgrün in einer Konzentration von 0,02 mg/kg nachgewiesen, in einer weiteren Forellenprobe wurde Gesamt-Malachitgrün in Höhe von 0,00081 mg/kg gemessen.

Für den Verzehr von Forellen betrug nach den Daten der NVS II das 95. Perzentil aller Befragten für die Langzeitaufnahme 0,150 g Fisch/kg KG und Tag. Legt man der Berechnung die höchstbelastete Forellenprobe zugrunde, würde ein Vielverzehrer (95. Perzentil der Gesamtbevölkerung) ca. 0,008 µg Leukomalachitgrün/kg KG und Tag aufnehmen. Unter Nutzung dieser Verbraucherexposition ist der errechnete Wert für den MOE 1.547.619.

Von 142 untersuchten Karpfen wiesen 4 Tiere in der Muskulatur Rückstände von Leukomalachitgrün im Konzentrationsbereich von 0,0021 mg/kg bis 0,0057 mg/kg auf.

Für den Verzehr von Karpfen betrug nach den Daten der NVS II das 95. Perzentil aller Befragten für die Langzeitaufnahme 0,343 g Fisch/kg KG und Tag. Legt man der Berechnung die höchstbelastete Karpfenprobe zugrunde, würde ein Vielverzehrer (95. Perzentil der Gesamtbevölkerung) ca. 0,002 µg Leukomalachitgrün/kg KG und Tag aufnehmen. Unter Nutzung dieser Verbraucherexposition ist der errechnete Wert für den MOE 6.649.276.

Liegt der MOE bei 10.000 oder darüber, schätzt die EFSA das gesundheitliche Risiko eher niedrig ein. Somit ist das Risiko einer gesundheitlichen Beeinträchtigung aufgrund des Verzehrs von Fischen mit hier berichteten Rückständen an Malachitgrün und Leukomalachitgrün als sehr gering zu betrachten.

Sonstige Verbindungen (Gruppe B 3 f)

Ausgangspunkt für die Risikocharakterisierung einer ein- oder mehrmaligen oralen Aufnahme von **DEET (N,N-Dimethyl-m-toluamid)** über Rückstände in Lebensmitteln ist der NOAEL für die Neurotoxizität aus der 8-Wochen-Studie an Hunden (75 mg/kg KG/d). Bei Annahme einer quantitativen oralen Absorption und unter Verwendung des Standardsicherheitsfaktors sollte bei der oralen Aufnahme von DEET ein „Margin of Safety" von 100 nicht unterschritten werden. Somit können Aufnahmemengen von bis zu 0,75 mg/kg KG/d als gesundheitlich unbedenklich angesehen werden. Dieser vorläufige TDI (Tolerable Daily Intake) kann sowohl zur Bewertung einer akuten als auch einer chronischen diätetischen Exposition gegenüber DEET verwendet werden (BfR, 2009).

In einer von 59 Proben Bienenhonig wurden Rückstände von DEET in einer Konzentration von 0,021 mg/kg bestimmt. Im EFSA-Modell PRIMo (EFSA, 2008) sind deutsche Kinder als die Konsumentengruppe mit dem höchsten Verzehr an Honig relativ zum Körpergewicht ausgewiesen. Honig mit einem Rückstand von 0,021 mg DEET/kg würde auf Basis der „large portion" für deutsche Kinder im Alter von zwei bis unter fünf Jahren (16,15 kg Körpergewicht) einer Aufnahmemenge von 0,000029 mg/kg KG entsprechen und damit um mehrere Größenordnungen unterhalb der toxikologisch noch als unbedenklich anzusehenden Schwelle von 0,75 mg/kg KG liegen. Dasselbe gilt entsprechend auch für die chronische Exposition bei Berücksichtigung mittlerer Verzehrsmengen für Honig.

Es ist weder ein akutes noch ein chronisches Risiko für Verbraucher durch den berichteten DEET-Rückstand in Honig zu erwarten.

2.5

Zuständige Ministerien

Bund

Bundesministerium für Ernährung, Landwirtschaft und Verbraucherschutz
Rochusstr. 1
53123 Bonn
Telefax: 0228-99529-4262
E-mail: poststelle@bmelv.bund.de

Länder

Ministerium für Ländlichen Raum und Verbraucherschutz (MLR)
Kernerplatz 10
70182 Stuttgart
E-Mail: poststelle@mlr.bwl.de

Bayerisches Staatsministerium für Umwelt und Gesundheit (StMUG)
Rosenkavalierplatz 2
81925 München
E-Mail: poststelle@stmug.bayern.de

Senatsverwaltung für Gesundheit, Umwelt und Verbraucherschutz (SENGUV)
Oranienstr. 106
10969 Berlin
E-Mail: poststelle@sengsv.verwalt-berlin.de

Ministerium für Umwelt, Gesundheit und Verbraucherschutz des Landes Brandenburg (MLUV)
Heinrich-Mann-Allee 103
14473 Potsdam
E-Mail: verbraucherschutz@mluv.brandenburg.de

Senatorin für Bildung, Wissenschaft und Gesundheit
Freie Hansestadt Bremen
Rembertiring 8–12
28195 Bremen
E-Mail: verbraucherschutz@Gesundheit.Bremen.de

Behörde für Gesundheit und Verbraucherschutz, Lebensmittelsicherheit und Veterinärwesen
Billstraße 80
20539 Hamburg
E-Mail: gesundheit-verbraucherschutz@bsg.hamburg.de

Hessisches Ministerium für Umwelt, ländlichen Raum und Verbraucherschutz
Mainzer Str. 80 (HMUELV)
65186 Wiesbaden
E-Mail: poststelle@hmuelv.hessen.de

Ministerium für Landwirtschaft, Umwelt und Verbraucherschutz Mecklenburg Vorpommern
Paulshöher Weg 1
19061 Schwerin
E-Mail: c.kadatz@lu.mv-regierung.de

Niedersächsisches Ministerium für den ländlichen Raum, Ernährung, Landwirtschaft und Verbraucherschutz
Calenberger Str. 2
30169 Hannover
E-Mail: poststellen@ml.niedersachsen.de

Landesamt für Natur, Umwelt und Verbraucherschutz (LANUV)
Leibnizstraße 10
45659 Recklinghausen
E-Mail: poststelle@lanuv.nrw.de

Ministerium für Umwelt, Forsten und Verbraucherschutz (MUFV)
Kaiser-Friedrich-Str. 1
55116 Mainz
E-Mail: RP-Hygiene@mufv.rlp.de

Ministerium für Justiz, Arbeit, Gesundheit und Soziales Saarland
Franz-Josef-Röder-Str. 23
66119 Saarbrücken
E-Mail: veterinaerwesen@justiz-soziales.saarland.de

Sächsisches Staatsministerium für Soziales (SMS)
Albertstr. 10
01097 Dresden
E-Mail: poststelle@sms.sachsen.de

Ministerium für Arbeit und Soziales
Turmschanzenstr. 25
39114 Magdeburg
E-Mail: lebensmittel@ms.sachsen-anhalt.de

Ministerium für Landwirtschaft, Umwelt
und ländliche Räume (MLUR)
Mercatorstr. 3
24106 Kiel
E-Mail: veterinaerwesen@mlur.landsh.de

Thüringer Ministerium für Soziales, Familie und Gesundheit
(TMSFG)
Werner-Seelenbinder-Str. 6
99096 Erfurt
E-Mail: poststelle@tmsfg.thueringen.de

2.6
Zuständige Untersuchungsämter / akkreditierte Labore

BW   Chemisches und Veterinäruntersuchungsamt Freiburg
       Chemisches und Veterinäruntersuchungsamt Karlsruhe
BY   Bayerisches Landesamt für Gesundheit und Lebens-
       mittelsicherheit Oberschleißheim
       Bayerisches Landesamt für Gesundheit und Lebens-
       mittelsicherheit Erlangen
BE   Landeslabor Berlin-Brandenburg, Laborbereich Frank-
       furt (Oder)
BB   Landeslabor Berlin-Brandenburg, Laborbereich Frank-
       furt (Oder)
HB   Landesuntersuchungsamt für Chemie, Hygiene und
       Veterinärmedizin
HH   Institut für Hygiene und Umwelt

HE   Hessisches Landeslabor Standort Kassel
       Hessisches Landes-Labor Standort Gießen
       Hessisches Landes-Labor Standort Wiesbaden
       Regierungspräsidium Gießen (als koordinierende Stelle
       für den Bereich NRKP)
MV   Landesamt für Landwirtschaft, Lebensmittelsicherheit
       und Fischerei Mecklenburg-Vorpommern
NI   Niedersächsisches Landesamt für Verbraucherschutz
       und Lebensmittelsicherheit
       Veterinärinstitut Hannover
       Veterinärinstitut Oldenburg
       Institut für Fische und Fischereierzeugnisse Cuxhaven
       Lebensmittelinstitut Oldenburg
       Rückstandskontrolldienst (als koordinierende Stelle für
       den Bereich NRKP)
NW   Chemisches- und Veterinäruntersuchungsamt Rhein-
       Ruhr-Wupper
       Chemisches Veterinäruntersuchungsamt Münsterland-
       Emscher-Lippe
       Staatliches Veterinäruntersuchungsamt Arnsberg
       Chemisches und Veterinäruntersuchungsamt Ostwest-
       falen-Lippe
RP   Landesuntersuchungsamt Rheinland-Pfalz
       Institut für Lebensmittel tierischer Herkunft
       Institut für Lebensmittelchemie Speyer
       Institut für Lebensmittelchemie Trier
SL   Landesamt für Gesundheit und Verbraucherschutz
SN   Landesuntersuchungsanstalt für das Gesundheits- und
       Veterinärwesen Sachsen
ST   Landesamt für Verbraucherschutz Sachsen Anhalt
SH   Landeslabor Schleswig-Holstein
TH   Thüringer Landesamtes für Lebensmittelsicherheit und
       Verbraucherschutz

2.7
Erläuterung der Fachbegriffe

anaerobe Bakterien	Bakterien, die ohne Sauerstoff leben
Androgene	Männliche Sexualhormone, die die Entwicklung der männlichen Geschlechtsorgane, der sekundären männlichen Geschlechtsmerkmale (z. B. den typisch männlichen Körperbau), die Reifung der Samenzellen, den Geschlechtstrieb u. a. bewirken.
akarizid	Ektoparasiten der Ordnung Acari (Milben, Zecken) tötend
bakteriostatisch	das Wachstum von Bakterien hemmend
bakterizid	Bakterien tötend
Epimer	spezielle Isomerieart; siehe Isomer
fetotoxisch	Frucht (Fötus) schädigend
fungizid	Pilze abtötend
genotoxisch	das genetische Zellmaterial schädigend
Hormone	Unter Hormonen im engeren Sinne versteht man physiologische Stoffe, die in spezifischen Organen oder Zellverbänden (endokrine Drüsen) gebildet werden, dort in die Blutbahn abgegeben werden und am Erfolgsorgan eine charakteristische Beeinflussung vornehmen. Die Hormonproduktion unterliegt einem Regelkreis, dessen Steuerorgan der Hypothalamus im Zwischenhirn ist.
immunsuppressiv/ immuntoxisch	die Immunreaktion unterdrückend
insektizid	Insekten tötend
Isomer	Chemische Verbindungen mit gleicher Summenformel, die sich jedoch in der Verknüpfung und der räumlichen Anordnung der einzelnen Atome unterscheiden, was zu abweichenden Eigenschaften führen kann.
karzinogen/kanzerogen	Krebs erzeugend
Leukopenie (Leukozytopenie)	Mangel an weißen Blutkörperchen (Leukozyten) im Blut. Ursache kann eine verminderte Bildung durch herabgesetzte Knochenmarkfunktion oder ein erhöhter Verbrauch sein.
Metaphylaxe	Therapie in größeren Tierherden, in denen bei Behandlungsnotwendigkeit haltungstechnikbedingt jedes Tier unabhängig von seiner Behandlungswürdigkeit erreicht wird (z. B. Medikamentengabe bei Geflügel über Futter oder Tränkwasser).
MRL	Maximum Residue Limit (Rückstandshöchstmenge)
mutagen	Mutationen (Erbgutveränderungen) hervorrufend
nephrotoxisch	Nieren schädigend
neurotoxisch	Nervenfasern und -zellen schädigend
Oozyste	Entwicklungsstadium von Sporozoea (Unterordnung Coccidia)
parenterale Applikation	Verabreichung z. B. eines Medikamentes unter Umgehung des Magen-Darm-Trakts.
primäre Geschlechtsmerkmale	Geschlechtsspezifische angeborene Form und Anordnung der äußeren und inneren Geschlechtsorgane.
Protozoen	Tierische Einzeller
sekundäre Geschlechtsmerkmale	Zum Zeitpunkt der Pubertät entwickelte geschlechtsspezifische Eigenschaften und Einrichtungen, z. B. Gesäuge, Löwenmähne, Geweih oder auch Sexualverhalten.
Sporulation	Bildung von Sporozysten und Sporozoiten in Oozysten (Reifung der Oozysten).
Streptomyceten	Bakteriengattung der Actinobacteria. Es handelt sich um gram-positive Keime, die offensichtlich keine krankmachende Wirkung besitzen. Sie kommen hauptsächlich im Boden vor. Die von ihnen gebildeten Geosmine verleihen der Walderde den typischen Geruch.
Sympathomimetika	Arzneistoffe, die stimulierend auf den Sympathikus, einen Teil des vegetativen Nervensystems, wirken. Sie führen zu einer Erhöhung des Blutdruckes und der Herzfrequenz, einer Erweiterung der Atemwege und einer allgemeinen Leistungssteigerung.
teratogen	Missbildungen hervorrufend
Thrombopenie (Thrombozytopenie)	Mangel an Blutplättchen (Thrombozyten) im Blut. Ursache kann eine verminderte Bildung durch herabgesetzte Knochenmarkfunktion bzw. ein erhöhter Abbau oder Verbrauch, beispielsweise infolge von Entzündungen, Infektionskrankheiten oder Tumoren sein.

2.8
Literatur

AFC (2005) Opinion of the AFC Panel to review the toxicology of a number of dyes illegally present in food in the EU
http://www.efsa.europa.eu/EFSA/efsa_locale-1178620753812_1178620764312.htm

APVMA (2000) Australian Pesticide and Veterinary Medicines Authority, National Registration Authority for Agricultural and Veterinary Chemicals, Australia, Sulfonamides Review Final Report
http://www.apvma.gov.au/products/review/docs/sulphonamides.pdf

Banasiak, U., Heseker, H., Sieke, C., Sommerfeld, C., Vohmann, C. (2005) Abschätzung der Aufnahme von Pflanzenschutzmittel-Rückständen in der Nahrung mit neuen Verzehrsmengen für Kinder, Bundesgesundheitsblatt – Gesundheitsforschung – Gesundheitsschutz 48: 84–98

BfR (2008) „Collection and pre-selection of available data to be used for the risk assessment of malachite green residues by JECFA", updated BfR expert opinion No. 007/2008 of 24. 08. 2007
http://www.bfr.bund.de/cm/245/collection_and_pre_selection_of_available_data_to_be_used_for_the_risk_assessment_of_malachite_green_residues_by_jecfa.pdf

BfR (2009) DEET-Rückstände in Pfifferlingen aus Osteuropa sind kein Gesundheitsrisiko
http://www.bfr.bund.de/cm/217/deet_rueckstaende_in_pfifferlingen_aus_osteuropa_sind_kein_gesundheitsrisiko.pdf

BgVV (2002a) Gesundheitliche Bewertung von Chloramphenicol (CAP) in Lebensmitteln. Stellungnahme des BgVV vom 10. Juni 2002
http://www.bfr.bund.de/cm/208/gesundheitliche_bewertung_von_chloramphenicol_cap_in_lebensmitteln.pdf

BgVV (2002b) Nitrofurane in Lebensmitteln. Stellungnahme des BgVV vom 18. Juni 2002.
http://www.bfr.bund.de/cm/208/nitrofurane_in_lebensmitteln.pdf

BgVV (2002c) Gesundheitliche Bewertung von Nitrofuranen in Lebensmitteln. Stellungnahme des BgVV vom 15. Juli 2002
http://www.bfr.bund.de/cm/208/gesundheitliche_bewertung_von_nitrofuranen_in_lebensmitteln.pdf

Blume K., Lindtner O., Schneider K., Schwarz M., Heinemeyer G. (2010) Aufnahme von Umweltkontaminanten über Lebensmittel: Cadmium, Blei, Quecksilber, Dioxine und PCB; Informationsbroschüre des Bundesinstitut für Risikobewertung (BfR)

CRL Guidance Paper (2007) – no legal force

De Angelis I., Albo A. G., Nebbia C., Stammati A. (2003). Cytotoxic effects of malachite green in two human cell lines. Toxicology Letters, 144 (1), 58

Deutsche Forschungsgemeinschaft (DFG) (1982) Hexachlorcyclohexan-Kontamination – Ursachen, Situation und Bewertung. Kommission zur Prüfung von Rückständen in Lebensmitteln, Mitteilung IX, H. Boldt Verlag, Boppard

DGAUM, Leitlinien der Deutschen Gesellschaft für Arbeitsmedizin und Umweltmedizin e. V. (DGAUM)
http://www.uni-duesseldorf.de/AWMF/ll/002-022.htm

Dorn, C. R. (1979) Cadmium and the Food Chain. Cornell Vet. 69, 323, 342

Durchführungsverordnung (EU) Nr. 540/2011 der Kommission vom 25. Mai 2011 zur Durchführung der Verordnung (EG) Nr. 1107/2009 des Europäischen Parlaments und des Rates hinsichtlich der Liste zugelassener Wirkstoffe Text von Bedeutung für den EWR; ABl. L 153, S. 1

EFSA (2005) „Opinion of the scientific committee on a request from EFSA related to a harmonised approach for risk assessment of substances which are both genotoxic and carcinogenic", The EFSA Journal 282, (2005), 1–31
http://www.efsa.europa.eu/de/scdocs/doc/282.pdf

EFSA (2008) Calculation model PRIMO for chronic and acute risk assessement – rev.2_0
http://www.efsa.europa.eu/en/mrls/mrlteam.htm

EFSA (2009) EFSA Statement „Potential risks for public health due to the presence of nicotine in wild mushrooms", The EFSA Journal (2009) RN-286, 1–47
http://www.efsa.europa.eu/de/scdocs/doc/286r.pdf

EMEA (1995) Committee for veterinary medicinal products, Oxytetracycline, Chlortetracycline, Tetracycline, Summary report (3), EMEA/MRL/023/95
http://www.ema.europa.eu/docs/en_GB/document_library/Maximum_Residue_Limits_-_Report/2009/11/WC500015378.pdf

EMEA (1996) Committee for veterinary medicinal products, Sarafloxacin, Summary report
http://www.ema.europa.eu/docs/en_GB/document_library/Maximum_Residue_Limits_-_Report/2009/11/WC500015842.pdf

EMEA (1997a) Committee for veterinary medicinal products, Metronidazole, Summary report, EMEA/MRL/173/96-FINAL
http://www.ema.europa.eu/docs/en_GB/document_library/Maximum_Residue_Limits_-_Report/2009/11/WC500015087.pdf

EMEA (1997b) Committee for veterinary medicinal products, Doxycyline, Summary report (2), EMEA/MRL/270/97
http://www.ema.europa.eu/docs/en_GB/document_library/Maximum_Residue_Limits_-_Report/2009/11/WC500013941.pdf

EMEA (1997c) Committee for veterinary medicinal products, Dexamethasone, Summary report (2), EMEA/MRL/195/97
http://www.ema.europa.eu/docs/en_GB/document_library/Maximum_Residue_Limits_-_Report/2009/11/WC500013634.pdf

EMEA (1998) Committee for veterinary medicinal products, Toltrazuril, Summary report (1), EMEA/MRL/314/97-FINAL
http://www.ema.europa.eu/docs/en_GB/document_library/Maximum_Residue_Limits_-_Report/2009/11/WC500015623.pdf

EMEA (2000a) Committee for veterinary medicinal products, Difloxacin, Summary report (4), EMEA/MRL/740/00
http://www.ema.europa.eu/docs/en_GB/document_library/Maximum_Residue_Limits_-_Report/2009/11/WC500013823.pdf

EMEA (2000b) Committee for veterinary medicinal products, Fluxinin, Summary report (2), EMEA/MRL/744/00
http://www.ema.europa.eu/docs/en_GB/document_library/Maximum_Residue_Limits_-_Report/2009/11/WC500014325.pdf

EMEA (2004a) Committee for Medicinal Products for Veterinary Use, Ivermectin, Summary report (5), EMEA/CVMP/915/04-FINAL
http://www.ema.europa.eu/docs/en_GB/document_library/Maximum_Residue_Limits_-_Report/2009/11/WC500014505.pdf

EMEA (2004b) Committee for medicinal products for veterinary use, Toltrazuril, Summary report (4), EMEA/MRL/907/04-FINAL
http://www.ema.europa.eu/docs/en_GB/document_library/Maximum_Residue_Limits_-_Report/2009/11/WC500015632.pdf

EMEA (2005) Committee for Medicinal Products for Veterinary Use, Dihydrostreptomycin, Summary report (4), EMEA/CVMP/211249/2005
http://www.ema.europa.eu/docs/en_GB/document_library/Maximum_Residue_Limits_-_Report/2009/11/WC500013861.pdf

EMEA (2008) Committee for veterinary medicinal products, Amoxicillin, Annex II, Scientific Conclusions, EMEA/CVMP/283947/2008-EN
http://www.ema.europa.eu/docs/en_GB/document_library/Maximum_Residue_Limits_-_Report/2009/11/WC500013823.pdf

EMEA (2009) Committee for Medicinal Products for Veterinary Use, European Public MRL Assessment Report (EPMAR), Diclofenac (2), EMEA/CVMP/67421/2009
http://www.ema.europa.eu/docs/en_GB/document_library/Maximum_Residue_Limits_-_Report/2009/11/WC500013765.pdf

Eurofins (2009) „Nikotin in Steinpilzen – Rückstand, Kontamination oder Artefakt?" Vortrag von Frau Dr. Katrin Hoenicke, Eurofins, Tagung der LChG am 03. 04. 2009 in Berlin

Fries, G. F.; Marrow, G. S.; Snow, P. A. (1982) Soil ingestion by swine as a route of contaminant exposure; Environmental Toxicology and Chemistry 1: 201–204

GfA http://www.gfa-ms.de/index.htm

Heeschen, W.; Blüthgen, A. (1986) Carry over von Cadmium in die Milch. In: Zum Carry over von Cadmium. Cadmiumkonzentration von Futtermitteln und Auswirkungen auf die tierische Erzeugung. Arbeiten der Arbeitsgruppe „Carry over toxischer Elemente" im Auftrag des BML (Red. Hermann Hecht). Schriftreihe des Bundesministers für Ernährung, Landwirtschaft und Forsten, Reihe A: Angewandte Wissenschaft, Heft 335, Münster-Hiltrup, 46–56

Helwig, O. und Otto, H.-H. (2005) Arzneimittel. 10. Aufl., 3. Erg.-Lfg.

IDEA AG, http://www.idea-ag.de/web/de/index.html

Institut für Biochemie Köln, http://www.dshs-koeln.de/biochemie/rubriken/00_home/00_zer.html

JECFA (1990) Joint FAO/WHO expert Committee on Food Additives: Thirty-sixth Report of the Joint FAO/WHO expert Committee on Food Additives, 3.2.1. Benzylpenicillin, 37–41 http://whqlibdoc.who.int/trs/WHO_TRS_799.pdf

JECFA (2010) Seventy-second meeting – Summary and conclusions, Rome, 16–25 February 2010 http://www.who.int/foodsafety/chem/summary72_rev.pdf

JMPR (1999) Report of the Joint Meeting of the FAO Panel of Experts on Pesticide Residues in Food and the Environment and the WHO Core Assessment Group on Pesticide Residues, Rome 20–29 September 1999, S. 157ff http://www.fao.org/ag/AGP/AGPP/Pesticid/JMPR/Download/99_rep/REPORT1999.pdf

JMPR (2002) Report of the Joint Meeting of the FAO Panel of Experts on Pesticide Residues in Food and the Environment and the WHO Core Assessment Group on Pesticide Residues, Rome, Italy, 16–25 September 2002, S. 10–11

Institut für Veterinärpharmakologie und -toxikologie, http://www-vetpharm.uzh.ch/perldocs/index_t.htm

Katalyse Umweltlexikon, http://www.umweltlexikon-online.de

Kommission „Human-Biomonitoring" des Umweltbundesamtes (1998) Stoffmonographie Cadmium, Bundesgesundheitsblatt 41: 218–226

Kreuzer, W. (1973) Toxische Mikroelemente (Pb, Cd und Hg) in Fleisch (Lebern und Nieren) von Schlachtschweinen. 5. Hülsenberger Gespräche 1973, VTN, Hamburg, 129–133

Little R J A, Rubin D B, 2002: Statistical Analysis with Missing Data. John Wiley & Sons, New York. S. 66ff

Löscher, W., Ungemach, F.-R. und Kroker, R. (2006) Pharmakotherapie bei Haus- und Nutztieren, 7. Aufl. Parey Verlag, Berlin

Macholz, R., Lewerenz, H.-J. (Hrsg.) (1989) Lebensmitteltoxikologie. Springer-Verlag Berlin, Heidelberg, New York, London, Paris, Tokio

Max Rubner-Institut (MRI) (2008) Nationale Verzehrsstudie II (NVS II), Ergebnisbericht 1 und 2 http://www.was-esse-ich.de/

Prankel, S. H.; Nixon, R. M.; Phillips, C. J. (2004) Meta-Analysis of feeding trials investigating cadmium accumulation in the livers and kidneys of sheep; Environmental Research 94 (2004): 171–183

Prankel, S. H.; Nixon, R. M.; Phillips, C. J. (2005) Implications for the human food chain of models of cadmium accumulation in sheep; Environmental Research 97 (2005): 348–358

Richtlinie 96/23/EG des Rates vom 29. April 1996 über Kontrollmaßnahmen hinsichtlich bestimmter Stoffe und ihrer Rückstände in lebenden Tieren und tierischen Erzeugnissen und zur Aufhebung der Richtlinien 85/358/EWG, 86/469/EWG und der Entscheidungen 89/187/EWG und 91/664/EWG; ABl. L 125, S. 10

Römpp, (1989) Chemielexikon; Bd. 1, S. 542, 9. Aufl., Georg Thieme Verlag, Stuttgart

Schenkel, H. (1990) Zum Stoffwechselverhalten von Cadmium bei landwirtschaftlichen Nutztieren. III. Mitteilung: Pferde; Übersichten Tierernährung 18, 247–262

Scientific Committee on Food (2001) Opinion of the SCF on the risk assessment of dioxins and dioxin-like PCBs in Food. Adopted on 30. Mai 2001. Europäische Kommission, Brüssel. (http://ec.europa.eu/food/fs/sc/scf/out90_en.pdf)

Souci, S. W., Fachmann, W., Kraut, H. (2004) Lebensmitteltabelle für die Praxis; 3. Auflage 2004, Wissenschaftliche Verlagsgesellschaft mbH

Umweltbundesamt, http://www.umweltdaten.de/gesundheit/monitor/hgmono.pdf http://www.env-it.de/umweltdaten/public/theme.do?nodeIdent=2885 http://www.umweltbundesamt.de/gesundheit/publikationen/Aktualisierung_Cd_2011.pdf

Umweltdatenbank, http://www.umweltdatenbank.de/lexikon/cadmium.htm

Umwelt-Lexikon, http://www.umweltdatenbank.de/lexikon/blei.htm

Umweltprobenbank des Bundes, http://www.umweltprobenbank.de/de

Vemmer, H.; Petersen, U. (1978) Blei- und Cadmiumgehalte in verschiedenen Geweben von Mastschweinen bei normaler Fütterung; Landwirtschaftliche Forschung, SH 34/I, 62–71

Vemmer, H. (1986) Der Einfluß von Cadmium im Futter auf die Cadmiumgehalte in Geweben von Schweinen. In: Zum Carry over von Cadmium. Cadmiumkonzentration von Futtermitteln und Auswirkungen auf die tierische Erzeugung. Arbeiten der Arbeitsgruppe „Carry over toxischer Elemente" im Auftrag des BML (Red. Hermann Hecht). Schriftreihe des Bundesministers für Ernährung, Landwirtschaft und Forsten, Reihe A: Angewandte Wissenschaft, Heft 335, Münster-Hiltrup, 73–86

Verordnung (EG) Nr. 136/2004 der Kommission vom 22. Januar 2004 mit Verfahren für die Veterinärkontrollen von aus Drittländern eingeführten Erzeugnissen an den Grenzkontrollstellen der Gemeinschaft; ABl. L 21, S. 11

Verordnung (EG) Nr. 854/2004 des Europäischen Parlaments und des Rates vom 29. April 2004 mit besonderen Verfahrensvorschriften für die amtliche Überwachung von zum menschlichen Verzehr bestimmten Erzeugnissen tierischen Ursprungs; ABl. L 226, S. 83

Verordnung (EG) Nr. 396/2005 des Europäischen Parlaments und des Rates vom 23. Februar 2005 über Höchstgehalte an Pestizidrückständen in oder auf Lebens- und Futtermitteln pflanzlichen und tierischen Ursprungs und zur Änderung der Richtlinie 91/414/EWG; ABl. L 70, S. 1

Verordnung (EG) Nr. 1881/2006 der Kommission vom 19. Dezember 2006 zur Festsetzung der Höchstgehalte für bestimmte Kontaminanten in Lebensmitteln; ABl. L 364, S. 5

Verordnung (EG) Nr. 149/2008 der Kommission vom 29. Januar 2008 zur Änderung der Verordnung (EG) Nr. 396/2005 des Europäischen Parlaments und des Rates zur Festlegung der Anhänge II, III und IV mit Rückstandshöchstgehalten für die unter Anhang I der genannten Verordnung fallenden Erzeugnisse; ABl. L 58, S. 1

Verordnung (EU) Nr. 37/2010 der Kommission vom 22. Dezember 2009 über pharmakologisch wirksame Stoffe und ihre Einstufung hinsichtlich der Rückstandshöchstmengen in Lebensmitteln tierischen Ursprungs; ABl. L 115, S. 1

VIS – Verbraucherinformationssystem Bayern (2008), Hrsg.: Bayerisches Staatsministerium für Umwelt, Gesundheit und Verbraucherschutz, http://www.vis.bayern.de/ernaehrung/lebensmittelsicherheit/unerwuenschte_stoffe/mykotoxine.htm

Wiesner, E., Ribbeck, R. (Hrsg.) (2000) Lexikon der Veterinärmedizin. Enke im Hippokrates Verlag GmbH, Stuttgart

Wikipedia, http://de.wikipedia.org/wiki/Hauptseite